我爱面包机！

（珍藏版）

ホームベーカリーで焼きたてパン

日本主妇之友社 / 著

姜婧 / 译

北京科学技术出版社

著作权合同登记号　图字：01-2017-3877

图书在版编目（CIP）数据

我爱面包机！：珍藏版：只精选第一次做就成功的配方/日本主妇之友社著；姜婧译. —北京：北京科学技术出版社，2018.10（2020.5重印）
ISBN 978-7-5304-9211-6

Ⅰ.①我… Ⅱ.①日… ②姜… Ⅲ.①电烤箱–基本知识②面包–烘焙–基本知识 Ⅳ.①TM925.53②TS213.2

中国版本图书馆CIP数据核字(2017)第207288号

我爱面包机！ 珍藏版：只精选第一次做就成功的配方

作　　者：日本主妇之友社
译　　者：姜　婧
策　　划：李雪晖
责任编辑：代　艳
出 版 人：曾庆宇
责任印制：张　良
出版发行：北京科学技术出版社
图文制作：博雅思
社　　址：北京西直门南大街16号
邮政编码：100035
电话传真：0086-10-66135495（总编室）
0086-10-66113227（发行部）
0086-10-66161952（发行部传真）
电子信箱：bjkj@bjkjpress.com
网　　址：www.bkydw.com
经　　销：新华书店
印　　刷：北京印匠彩色印刷有限公司
开　　本：720mm × 1000mm 1/16
印　　张：12.25
版　　次：2018年10月第1版
印　　次：2020年5月第2次印刷
ISBN 978-7-5304-9211-6/T · 938

定价：49.80元

目录

第1章 简单的白面包

第2章 天然酵母面包

第3章 五彩斑斓的面包

第4章 夹馅面包

第5章 DIY整形面包

★ DIY酱 / 162

第6章 点心和其他面食

面包机的基础知识

本章主要介绍了面包机的基本知识及其使用要领。除此之外，也会提到烘焙面包所使用的基本原材料、常见工具以及烘焙时需要掌握的小窍门等。因为这些重要的细节直接关系到面包成品的好坏，所以为了尽量减少失败的可能性，我们务必要熟读以下内容。

什么是面包机?

面包机是指按照要求放好配料、按下按钮后，可以自动完成和面、发酵和烘焙等一系列工序的机器。

如果手工制作面包，我们首先需要自己动手和面，然后根据面团发酵和整形的需要来调节环境的温度和湿度。另外，在烘焙过程中，我们还需要密切注意火候，以免面包烤焦或烘烤不足。由此可见，手工制作面包的每个环节都比较费事。

而面包机大大简化了烘焙过程。我们只需要按照说明放入配料，然后按下按钮就可以了。它不仅能够准确地把握和面的分寸，为面团的发酵提供适宜的温度和湿度，同时还能以最佳的火力对面包进行烘焙。需要我们动脑筋的只有挑选配方和称量配料。只要掌握了这些基本知识，我们就能随心所欲地制作出种类繁多的面包了。

面包机能够制作哪些面包?

我们日常食用的面包基本上都能够用面包机来制作。因为面包机的面包桶是方形的，所以如果你将和面、发酵、整形、烘焙这一系列工序都交给面包机来自动完成的话，那么做出的面包的外形基本上是一样的。但这并不意味着它们的味道也是一样的，只要我们在配料上稍微作一些改变，面包就会有不同的味道。本书将在第一章至第四章中着重介绍不同口味的面包。

那么，在使用面包机的情况下，如何使面包的外形也同样富于变化呢？我们可以选择面包机菜单中的“发面团（面团发酵）程序”（有关面包机的各种程序请参见下一页的说明），将和面的工作交给面包机，然后自己动手进行接下来的整形、发酵和烘焙。这样一来，我们就能做出外形不同的面包了。本书的第五章将对这方面进行详细的介绍。

在第六章中，我们介绍了面包机的一些活用方法，比如如何使用面包机制作蛋糕、乌冬面、糍粑和煎饺等非面包类的面点。

面包机各个部件的名称

在每款面包的配方中，我们都会提到面包机部件的名称，你可以一边对照你正在使用的机型，一边记住各个部件的作用。

面包桶

这是用来盛放面粉、酵母和水等原材料并对其进行搅拌、发酵和烘焙的容器。它呈方形，可以从面包机中取出。使用前，我们需要在它底部的转轴上装上搅拌刀。

面包机机身

这是面包机的主体部分，装有交流电动机和发热管。书中有时也将这个部分直接称做面包机。

操作按钮

面包机上有一系列操作按钮，包括开关、程序、计时器和烧色等。面包机的机型不同，其具体的操作方法不尽相同，所以在使用时，我们要遵照说明书的指示进行操作。

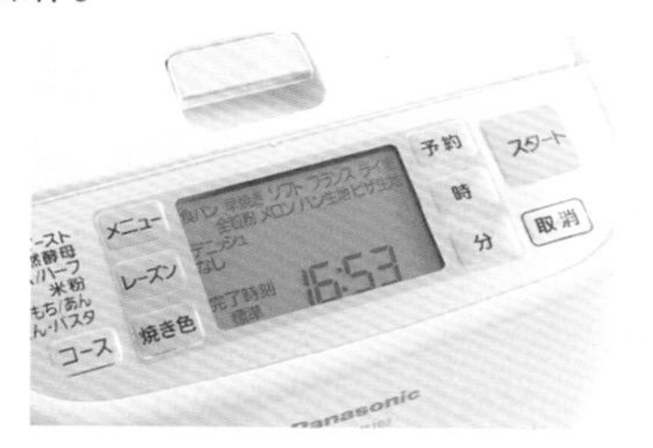

搅拌刀

这个部件是用来搅拌原材料以及和面的。我们将它安装在面包桶底部中心的转轴上，也可以视需要将它取下来。

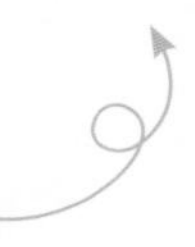

面包机的菜单程序

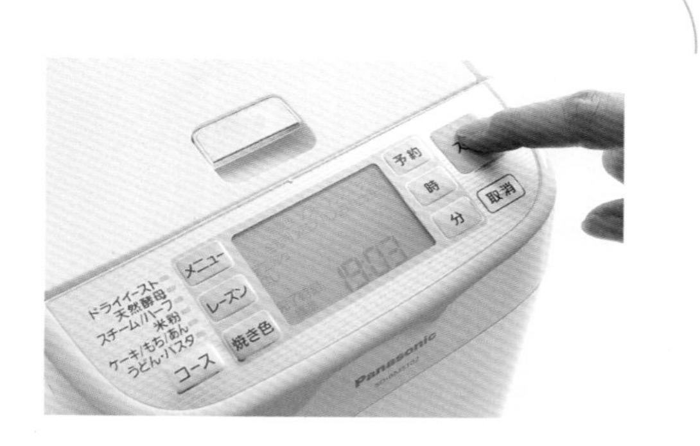

面包机通常都设有制作普通面包、法式面包和快速面包的程序，发面团（或面团发酵）的程序，以及选择烘焙程度（即选择浅、中、深的烧色）的程序。有些面包机还设有制作甜味面包、全麦面包和天然酵母面包的程序，以及制作非面包类食品（如蛋糕、面条和果酱）的程序。面包机的品牌和机型不同，其程序设置也会有区别。

本书中介绍的大部分面包都可以用任意一款机型的普通面包制作程序和发面团程序来制作。个别天然酵母面包则需要用专门的天然酵母面包程序来制作，蛋糕需要用专门的蛋糕程序来制作。在使用前，请仔细阅读机器的使用说明书，了解菜单中的各种程序。

用面包机制作面包需要用到哪些基本原材料呢？我们将在这里介绍几种常见的原材料。让我们了解一下它们的特性以及它们在制作面包时发挥的作用吧。

基本原材料

小麦面粉

小麦面粉是制作面包的主要原材料。根据面粉中所含麸质（蛋白质）的多少，我们可以将其分为超高筋面粉、高筋面粉、中筋面粉（法国面粉）和低筋面粉。大部分面包是用高筋面粉制作的，质地比较膨松。而制作法式面包通常使用中筋面粉，若要追求酥脆的口感，我们也可以改用低筋面粉来制作。

干酵母

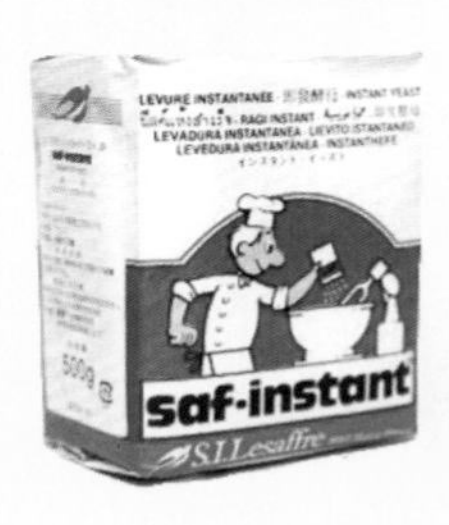

干酵母是将发酵能力较强且稳定性较好的酵母菌进行大量培养并且通过低温干燥得到的一种颗粒状物质。现在市面上销售的干酵母的发酵能力比较稳定，因此在制作面包时，我们可以直接跳过预发酵阶段，在短时间内完成发酵。本书中使用的就是这种干酵母。

盐

盐不但可以调味，还可以强化麸质，保持面团的弹性，并调节发酵时间。此外，盐是咸的，而面粉偏甜，所以它还可以衬托出面粉独特的味道。精盐和粗盐都可以用来制作面包，如果使用岩盐（又叫石盐或大青盐，可以在中药店买到）的话，做出来的面包味道会更好。

糖

作为酵母的营养源，糖可以促进发酵。它也可以调节面包的色泽，增加面包的甜度，同时还可以软化面包，防止面包出炉后很快变硬。但如果用量过多的话，它就会导致面团发酵过度，使做出来的面包颜色发白、味道变酸，所以糖的用量要适量。

牛奶和黄油

脱脂牛奶、牛奶、黄油等乳制品都可以用来制作面包。它们不仅可以改善面包的味道，还能让面包的口感变得更加细腻。

计量方法

制作面包很重要的一个环节就是对需要使用的原材料进行精确的称量。比如，盐放多了会导致发酵不足，糖放多了会导致发酵过度，而面粉和酵母的用量则直接关系到面包的膨松程度。所以，我们需要使用恰当的称量工具，掌握正确的称量方法。

精确到 1 克的电子秤

本书推荐使用精确到 1 克的电子秤。通过在电子秤上放空的容器后将数值归零的方法，我们可以轻松地称出原材料的净重。天平的规格分为 1 千克和 2 千克两种，大家可以根据个人习惯进行选择。

精确到 0.1 克的电子秤

精确到 0.1 克的电子秤可以称出用量较少的酵母和盐等原材料的重量。有的配方中会出现 4.5 克这样的用量，因此使用这种精密的衡器可以减少误差，从而减少失败的可能性。

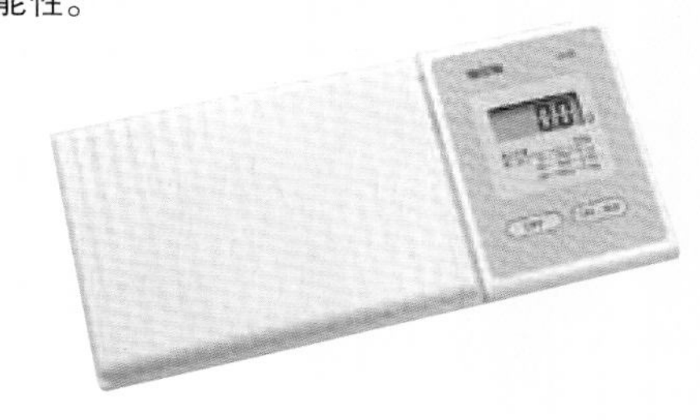

称量小窍门

在操作还未熟练时，我们建议你分别称出每种原材料的重量。这样一来，当发现某个步骤出错时，你可以重新称重。而当操作熟练之后，你就可以在称完面粉后将数值归零，然后依次放入盐、糖和酵母等，通过这种叠加原材料并反复归零的方法称出各种原材料的规定用量。

量勺

要想成功地制作面包，对原材料进行精确的称重至关重要。但一旦操作熟练了之后，你也可以直接用量勺来估算用量。如果手头备有1/2小勺、1/3小勺、1/4小勺规格的量勺的话，那么称量就方便多了。以下是常用原材料的重量和体积换算表。

常见原料的重量和体积换算表（g）

原材料	1大勺（15ml）	1小勺（5ml）	1/2小勺（2.5ml）
干酵母	9	3	1.5
盐（天然盐）	15	5	2.5
绵白糖	9	3	1.5
砂糖	12	4	2
脱脂牛奶	6	2	1
蜂蜜	21	7	3.5
星野天然酵母	11	3.7	1.8
白神酵母	12	4	2
潘妮托尼酵母	10	3.4	1.7
黄油	12	4	2
起酥油	12	4	2
橄榄油	12	4	2
水	15	5	2.5

为了让大家吃到香喷喷的面包，我们在此列举了从放入原材料直至烘焙完成过程中的技巧以及注意事项。

使用面包机的技巧和注意事项

原材料要从水开始加起

因为酵母一旦接触了水就会开始发酵，所以，向面包桶里放原材料时，要先放水，然后放面粉，最后放酵母。如果放入原材料后立即启动开关进行烘焙，那么先放入哪种原材料都无所谓。但是如果采用定时的方法进行烘焙的话，则务必注意在放入原材料时不能让酵母直接接触到水。

取放面团的时机

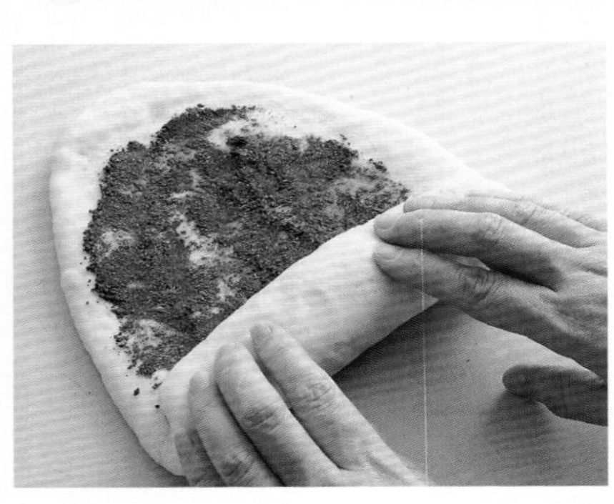

先取出面团，裹入配料后再将其放回面包机进行烘焙时，务必把握好机器运作的时间。这个时间可以利用制作“简易白面包”的每个步骤所花的时间来进行推算。使用面包机烘焙面包一般包含以下步骤：和面（第一次搅拌）、预发酵、第二次搅拌、初发酵、排气、静置、排气、醒发、烘焙。在制作面包前，我们需要大致估算一下每个步骤所需的时间。

●取出面团的时机

在初发酵结束后将面团取出。以松下 SD-BMS102 型号的面包机为例，一般是在按下按钮 120 分钟后取出面团。

●放回面团的时机

在醒发完成之前务必将面团放回面包机。以松下 SD-BMS102 型号的面包机为例，一般是在按下按钮 160 分钟后放回面团。

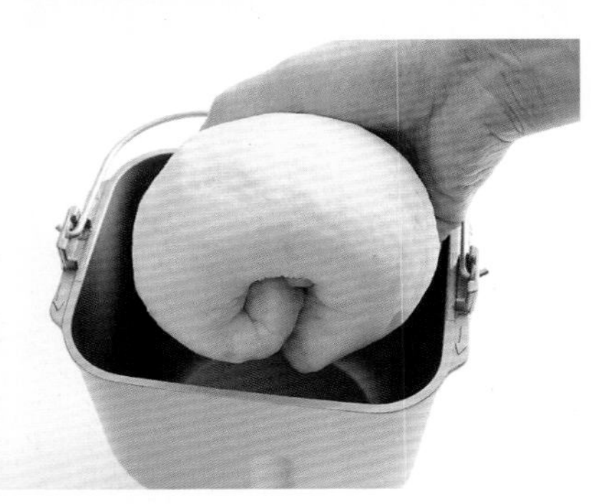

如何给面包添加各种配料?

把握添加配料的时机很重要。对于荞麦面粉或全麦面粉这种可以改善味道的面粉类配料，我们可以直接将其与基本原材料一起放入面包机。而大型的固体配料，如葡萄干、花生等干果类配料以及巧克力片等，因为容易在搅拌的过程中破碎、变形，所以需要在搅拌的过程基本完成后再放入。(具体说明请参照第 16 页的步骤 11。)

有的面包机有呼叫混合铃声，我们通常只需要在铃声响起时添加配料即可。不过，有些原材料尤其易碎，需要在铃声响起一段时间后放入。

总之，不管面包机是否有混合呼叫铃声，根据原材料的易碎程度、面包机使用者的个人爱好(是希望得到完整的形状，还是希望使原材料的味道完全融入面团之中)，以及面包机的品牌与型号的不同，添加配料的时间也会有所区别，这需要我们在烘焙过程中自己摸索和总结。

面包出炉后如何处理?

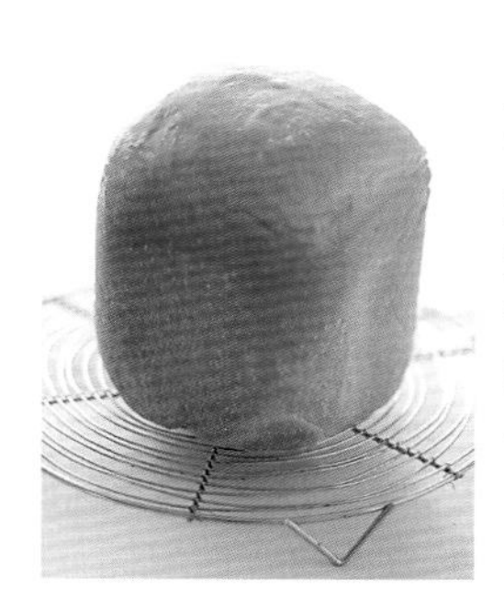

当面包烘焙好后，我们需要立即将它从面包桶中取出并放在冷却架上冷却。如果面包继续留在面包机里的话，桶内的余热和蒸汽会使面包皮变软。

如何将面包切片?

面包只有放凉之后才可以切分，因为刚出炉的面包在切分时容易变形。另外，为了将面包切得好看一些，我们建议使用专门的刀具，如锯齿刀。

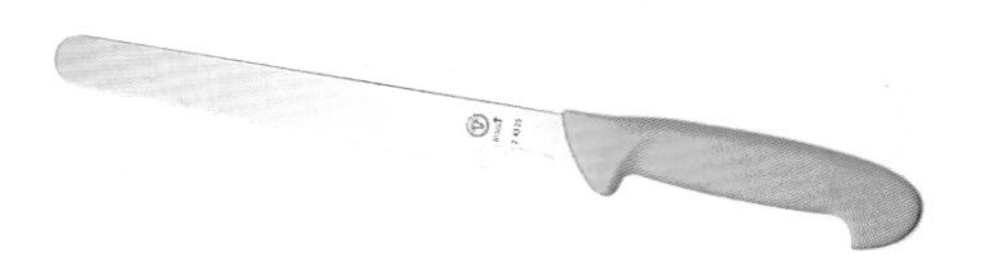

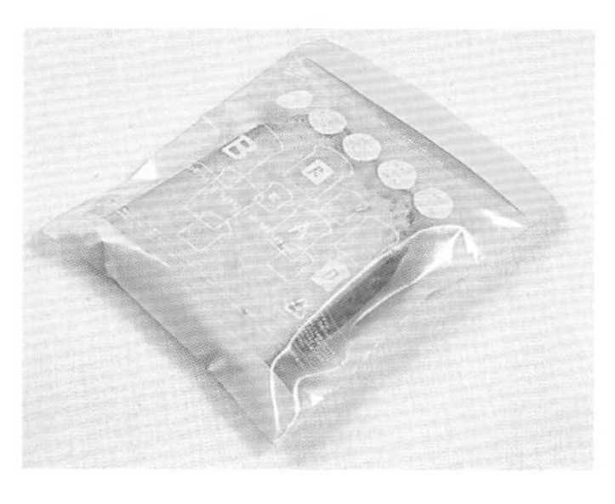

如何保存面包?

如果是在一两天之内食用的话，可以将面包装入面包专用袋或保鲜袋中以防变干。对于吃不完的面包，可以将其切片冷冻保存。冷冻时，可以将面包片分别装入密封的保鲜袋或直接包上保鲜膜。如果使用保鲜膜的话，我们建议等面包片冷冻以后，再将它们一起装进一个大的保鲜袋继续冷冻。

使用烤箱烘焙面包的基本要领

用面包机和好面团后，我们可以将面团取出，整形成自己喜欢的形状，然后用烤箱来烘焙。下面总结了一些使用烤箱烘焙面包的基本要领。

用面包机和好面团

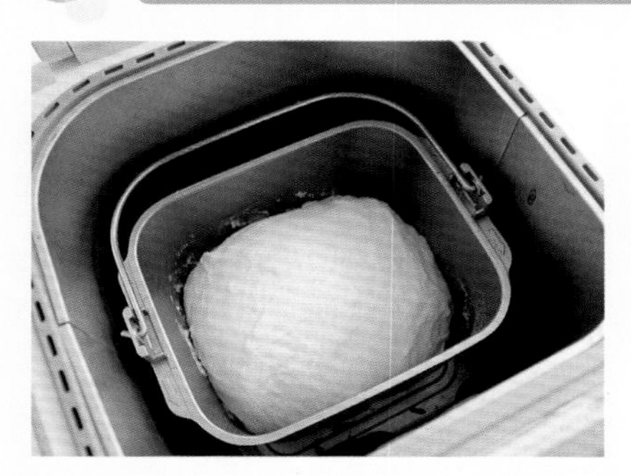
发面团程序完成后（初发酵完成后）的状态。

如果使用烤箱烘焙面包，我们需要在初发酵后将面团取出，然后转为手工操作。因为面包机的发面团程序一般在初发酵完成后停止，所以我们在菜单上直接选择“发面团程序”就可以了。

面团的种类不同，本书对初发酵时间的规定也不同。有的机型可以定时，有的机型则不能。对于那些不能定时的机型，我们可以在和面结束后用表计时。在发面团程序中，初发酵的时间通常为 40 分钟左右。所以，当配方中写明初发酵的时间为 40 分钟时，我们可以直接将这部分工作交给面包机来自动完成。

取出面团

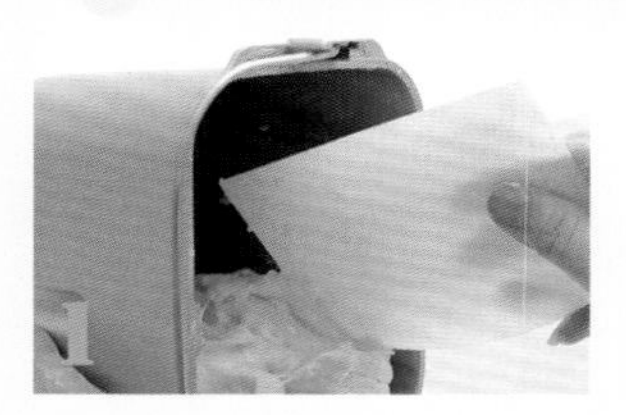

取出面团时，可以用刮板将它轻轻地从面包桶内壁上刮下来。

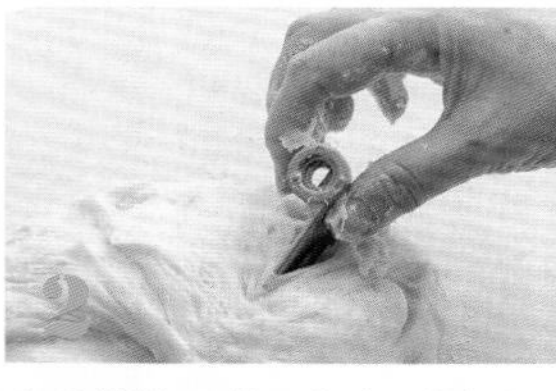

查看搅拌刀是否留在面团里。如果是的话，就将其取出。

初发酵结束后，我们需要将面团取出，放在撒有面粉的案板上，取出面团时动作要轻柔。另外，机器的搅拌刀可能留在面团中，所以要记得将它取出来。

分割和揉圆

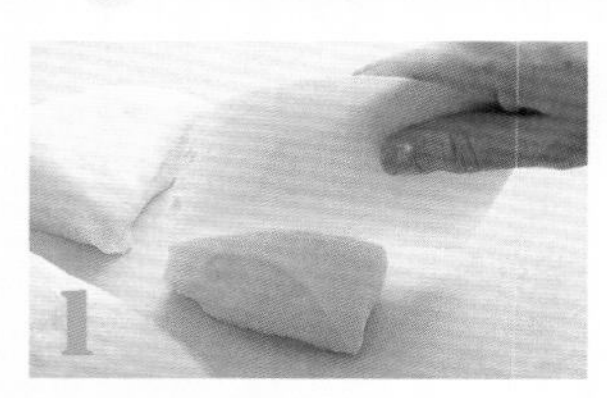

分割面团时，动作要果断有力，不要犹豫，以免在面团表面留下划痕。

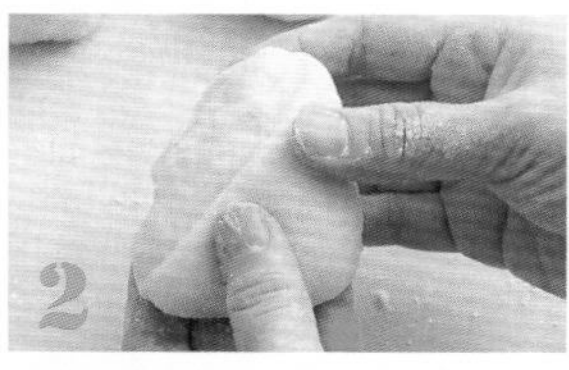

将面团切口朝上放在双手中。

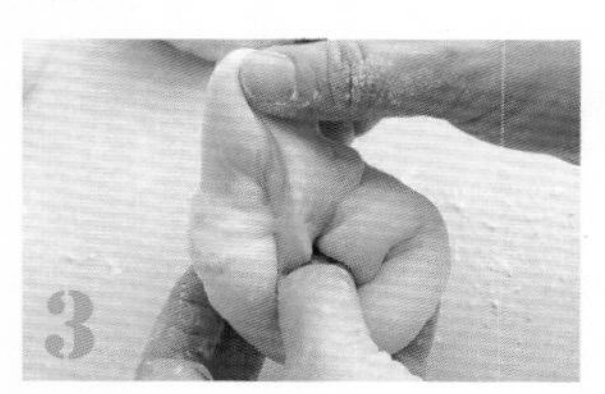

以切口为中心，将面团的四周向中间合拢。

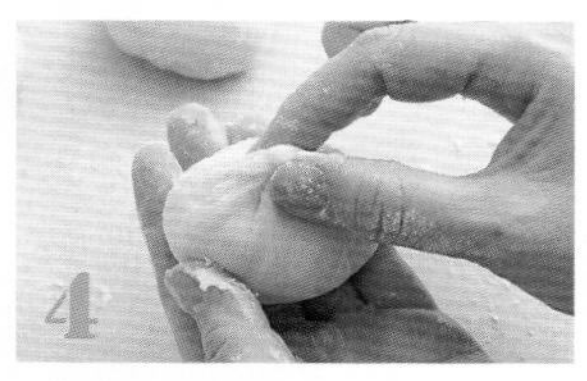

合拢后，一手捏住封口，另一只手配合着转动，揉到面团表面光滑。

取出面团之后，我们要按照配方的要求，将它分割成小块并分别揉圆。我们可以使用刮板分割面团，动作要快速、果断。如果想要得到大小均等的面团，可以先测量、再分割。揉圆是为了不断地拉伸麸质，促进面团膨胀。

静置

揉好的面团呈光滑的圆球状。

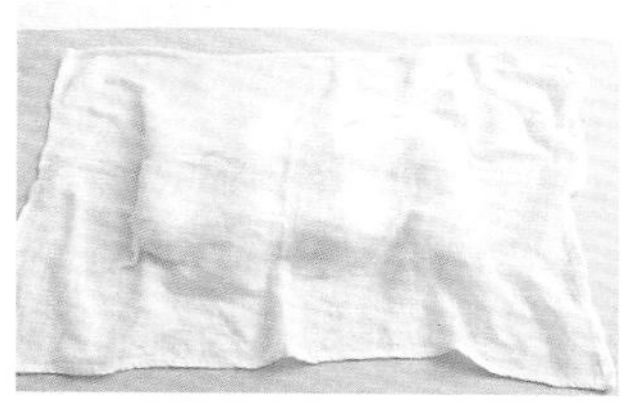
盖上拧干的湿布，防止面团变干。

将小面团揉圆后，我们需要让它静置一段时间，让紧绷的面团舒展开来，为下一步整形做准备。在静置的过程中，面团容易变干，所以需要给面团盖上一层拧干了的湿布。

整形和醒发

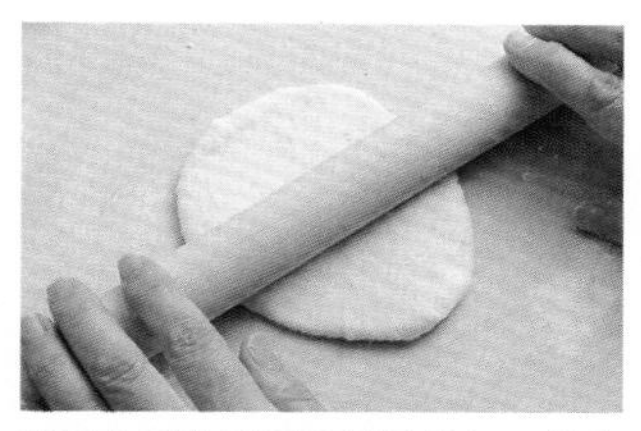
静置之后的面团延展性很好，很容易用擀面杖擀平。

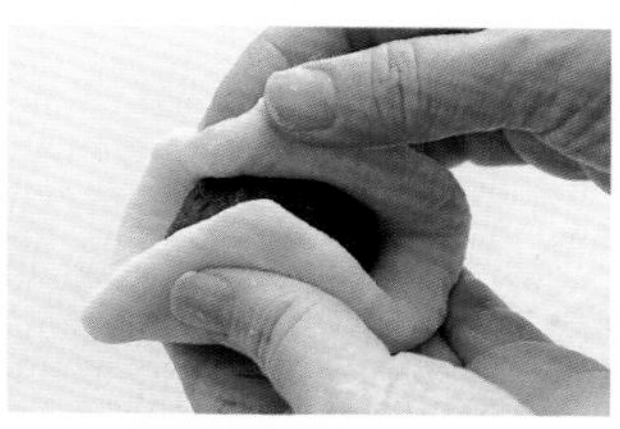
面团一旦变干就会失去黏性，所以在包馅的时候动作要迅速。

将面团放入模具时，要充分考虑面团醒发膨胀后所占用的空间。

醒发可以借助烤箱或微波炉的发酵功能来完成。

静置之后，我们开始为面团整形。根据面包种类的不同，整形的方法可分为擀平面团、分割面团、卷起面片、包入馅料或直接放入模具等。无论怎么整形，都不要过多地触碰面团。另外，如果面团变干，做出来的面包也会发硬。所以，在整形的过程中，我们可以先将其他待用的面团用拧干了的湿布盖好。记住，整形时动作要迅速。当所有的面团都整形完毕后，再按照配方的要求进行醒发。

放入烤箱前的准备工作及烘焙

在面团的表面刷蛋液能够增加面包的光泽。

如果在面团表面撒上一层高筋面粉，出炉后的面包会更加松脆。

醒发后，根据不同面包的需要，我们要做好准备工作，然后将面团放入预热好的烤箱进行烘焙。准备工作既包括刷蛋液来为面包上色，也包括在面包表面划上小口（割包）以方便排出气体。烘焙的温度和时间因烤箱而异，新手在操作的时候，应该参照配方的要求，一边观察一边调整。

便利的小工具

以下这些都是用面包机或烤箱烘焙面包时的常用工具。

冷却架

可将出炉后的面包放在冷却架上冷却。不锈钢材质的冷却架效果较好且易于打理。

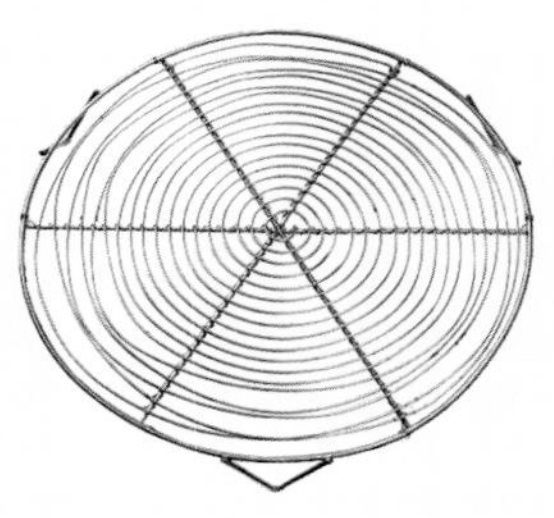

隔热手套

具有隔热效果。戴上它可以从烫手的面包机中取出面包桶或面包。

刮板

用于转移面团和分割面团。当然也可以使用菜刀来分割面团，但是这种专用的刮板可以防止面团粘在刀身上，因此使用起来更为方便。

案板

和面、分割以及整形都需要在案板上进行。我们建议使用尺寸较大的案板。

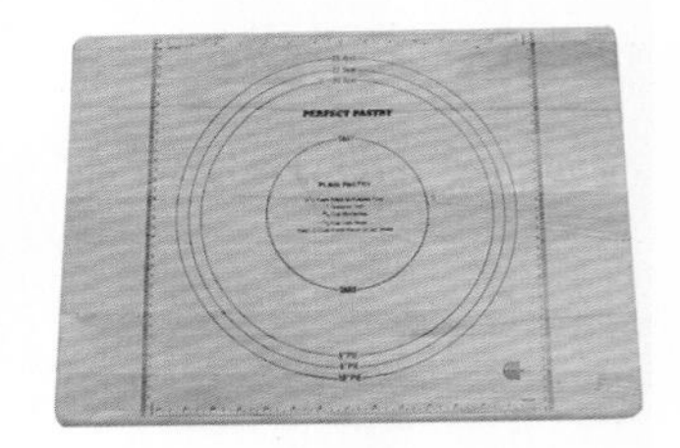

烘焙纸

你可以在烤盘中铺上一层专用的烘焙纸，这样面团就不容易粘在烤盘上了。烘焙纸有一次性的，也有可以反复使用的。

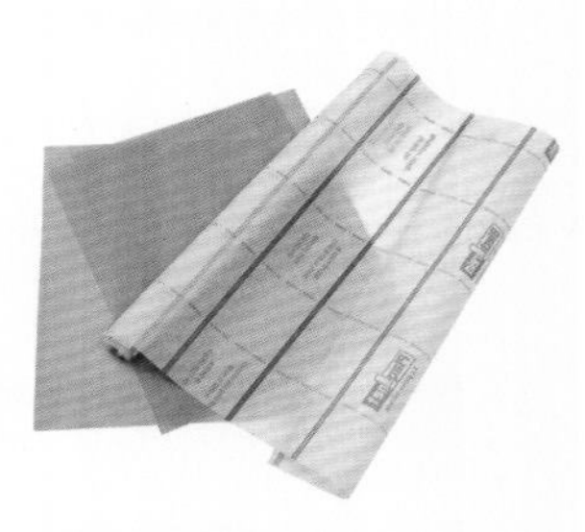

擀面杖

用它可以将面团擀成面片。常见的擀面杖长度为 40 厘米，除此之外还有 20 厘米长的擀面杖，用于擀小面团。

计时器

它可以用于各个步骤的计时，如面包机的运作时间、发酵时间和醒发时间等。使用计时器可以避免因拿捏不准时间而导致的失误。

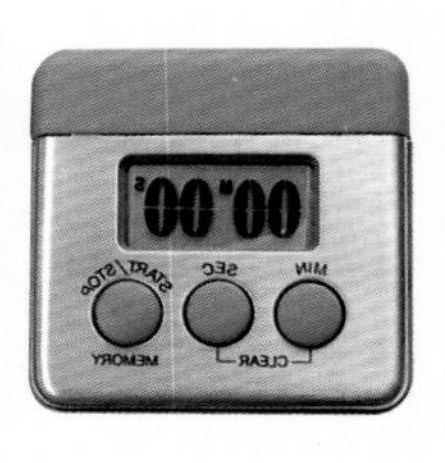

切片面包盒

即使是刚出炉的软面包，我们也可以利用切片面包盒将其切成合适的大小。此外，它还可以用来存放切好的面包片。

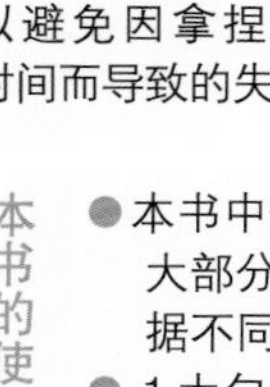

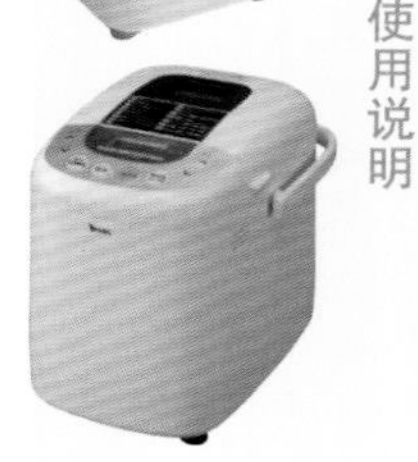

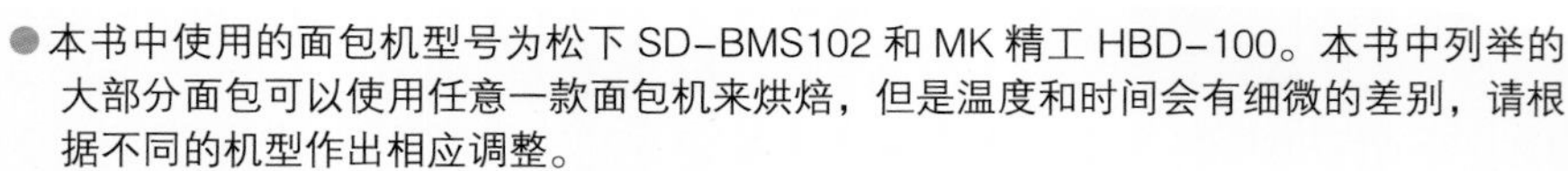

本书的使用说明

- 本书中使用的面包机型号为松下 SD-BMS102 和 MK 精工 HBD-100。本书中列举的大部分面包可以使用任意一款面包机来烘焙，但是温度和时间会有细微的差别，请根据不同的机型作出相应调整。
- 1 大勺大约 15 毫升，1 小勺大约 5 毫升，1 杯大约 200 毫升。
- 烘焙时间以标准机型为准，请根据具体情况进行调整。微波炉的加热时间是以功率为 500 瓦的机型计算，若使用的机型功率为 600 瓦，所需的时间也要相应调整为原来的 0.8 倍。
- 如果没有特别说明的话，砂糖也可以用绵白糖代替。无盐黄油指的是不含有盐分的黄油，如果黄油用量较少的话，也可以用含盐黄油来代替，不过要相应地减少盐的用量。如果没有特别说明的话，那么本书中的“黄油”指的就是含盐黄油。和面和整形时撒在案板上的面粉不计入配方中的面粉用量。

第1章 简单的白面包

即使是经常吃的白面包，我们也可以通过调节黄油用量、改变面粉种类或添加牛奶等方法做出不同的花样来，如搭配着菜一起食用的简易面包、可供细细品尝的精致面包等。每款面包都代表了不同的心情，快去烘焙出最适合你的那一款吧！

简易白面包

simple white bread

小麦面粉、盐、酵母、糖和水，仅靠这五种原材料就可以做出百吃不厌的白面包来。它那简单的制作步骤也能帮助我们熟悉和巩固烘焙面包的基本方法。

原材料	500g	750g
高筋面粉	250g	375g
盐	5g	7.5g
干酵母	3g	4.5g
绵白糖	20g	30g
水	190ml	285ml

准备好原材料

将原材料备齐并一一称量好，干酵母、盐和绵白糖需要借助电子秤进行精确称量。

TIPS:

这款面包是使用松下SD-BMS102面包机烘焙的。因为每种面包机都具有“普通面包制作程序”，所以制作这款面包比较容易。关于酵母的自动添加功能以及上色程度选择功能等请参见说明书。

1) 将面包桶从面包机中取出，在面包桶底部的转轴上安装好搅拌刀。

2) 向桶内加入规定量的水。

3) 轻轻地向桶内加入高筋面粉，使其形成一个小丘。如果倒入时用力过猛的话，会导致面粉扬起来，也有可能影响和面，操作时需要注意。

TIPS:

如果立即开始烘焙，那么也可以先加面粉、再加水。如果是定时烘焙的话，由于干酵母遇水后会立刻开始发酵，要先放水、再放面粉、最后放酵母，这样能够降低失败的可能性。

4) 在面粉的中央挖一个小坑，再倒入干酵母。

5) 加入盐和绵白糖。

6)

将面包桶轻轻地放回面包机内。具体的安放方法请参照说明书。

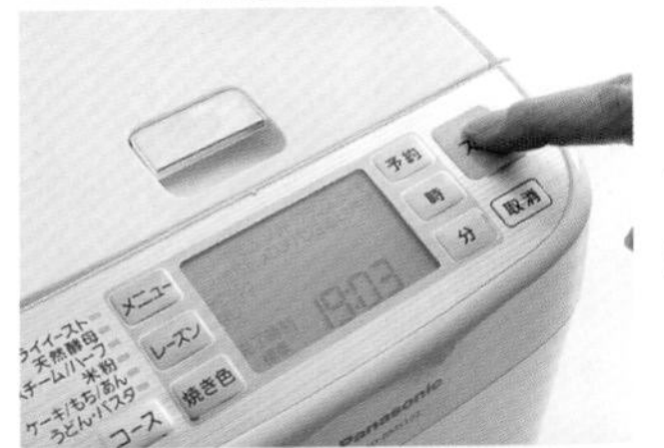

7)

盖上机盖，选择菜单中的“普通面包制作程序”并启动开关。

8)

面包桶中的搅拌刀开始转动，搅拌材料。左图为机盖打开的样子。

9)

这是面粉和水充分混合后的状态。

10)

这是第一次搅拌后面团的状态。与手工和面不同，在这个步骤结束后，面包机会先让面团进行预发酵，然后再搅拌一次。

12)

当预发酵和第二次搅拌结束后，搅拌刀会停止转动，面团开始初发酵。其间，机器会自动调节温度和湿度，所以请不要随意打开机盖。

13)

初发酵完成后，搅拌刀又开始慢慢转动起来，将面团内的气体排出。排气可以使面团的质地更加均匀，同时还能松弛麸质。

14)

排气结束后，面团进入醒发阶段。其间，面包机会根据需要使面团多次排气，直至面团质地结实、表面光滑为止。之后，面团进入烘焙阶段。

15)

当蜂鸣器响起时，香喷喷的面包就做好了。在蜂鸣器响起之前，不要随意打开机盖。

11)

添加配料的时机

如果想在面团中加入杏仁等坚果类配料，我们需要自己计算时间。计算的方法很简单：我们可以先制作一款不掺入任何配料的基础面包，然后计算出完成预发酵的时间，而这个时间就是添加配料的最佳时间。有些高档的面包机专门设有自动添加配料的功能，在启动开关后，需要设置呼叫混合铃声，铃声会在预发酵完成后自动响起。这时，我们直接倒入准备好的配料就可以了。

16

面包做好后，立刻将面包桶从面包机中取出。因为面包桶的温度很高，所以取出时需要戴上隔热手套。

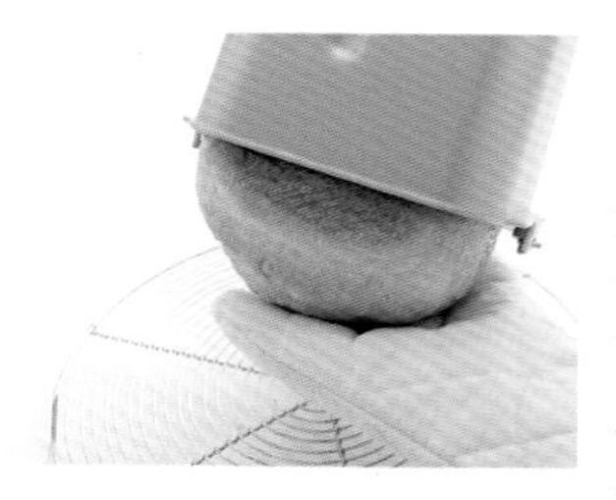

17

将面包桶取出后，轻轻地摇晃桶身，然后将其倒扣在案板上，将面包从桶中倒出来。为防止面包滚落，在倒扣时，可以用一只手轻轻地托住面包。

18

将面包取出后，先将它放在冷却架上冷却，再进行切割。如果趁热切面包的话，很容易使面包变形。

黄油烤面包片

白面包烤好后，我们可以先将其切成自己喜欢的大小，然后放进烤箱，烤好后再涂上黄油，做成黄油烤面包片。这里使用的是简单的白面包，口味比较平淡，而黄油能够改善面包的味道。

将面包切片后放入烤箱烤至香脆，再涂上一层厚厚的黄油即可。我们也可以用燃气灶烤面包片，只要将烤架放在燃气灶上，然后将面包放在烤架上，用中火烤至外脆里嫩就可以了。

如果家里有鲜奶油的话，我们也可以自己动手制作黄油。只需要用打蛋器不停地搅拌鲜奶油，奶味十足的黄油就做成了。

将200毫升左右的鲜奶油倒在碗中，用打蛋器不停地搅拌。鲜奶油会产生很多泡沫，并慢慢地变成掼奶油。继续搅拌，奶油会渐渐凝固，最终与水的分离，剩下的固体便是黄油。

简易面包之 日常白面包

daily white bread

口味平淡的白面包在掺入黄油后，味道顿时有了明显的改善！它既可以直接食用，也可以做成烤面包片或三明治来享用。

原材料	500g	750g
高筋面粉	250g	375g
盐	4g	6g
干酵母	3g	4.5g
绵白糖	15g	23g
无盐黄油	20g	30g
水	170ml	255ml

做法

将所有原材料放入面包桶（图A），并选择菜单中的“普通面包制作程序”，然后启动开关，开始烘焙（图B、C、D）。

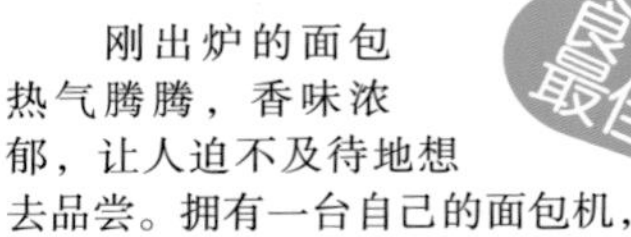

食用面包的最佳时机

刚出炉的面包热气腾腾，香味浓郁，让人迫不及待地想去品尝。拥有一台自己的面包机，便可以让我们在第一时间吃到刚出炉的面包。然而，面包最佳的食用时机不是在刚出炉时，而是在冷却之后。因为刚出炉时热气还未散去，我们无法品尝出面粉因发酵和烘焙而产生的独特的甜味和香味。此外，发酵所产生的气体还留在面包内，如果我们急着吃的话，可能被热气烫伤。因此，只有将它放在冷却架上充分冷却后再食用，才能品尝出面包自身的独特味道。

A) 称量好各种原材料后，先将水倒入面包桶，然后依次放入其他原材料。

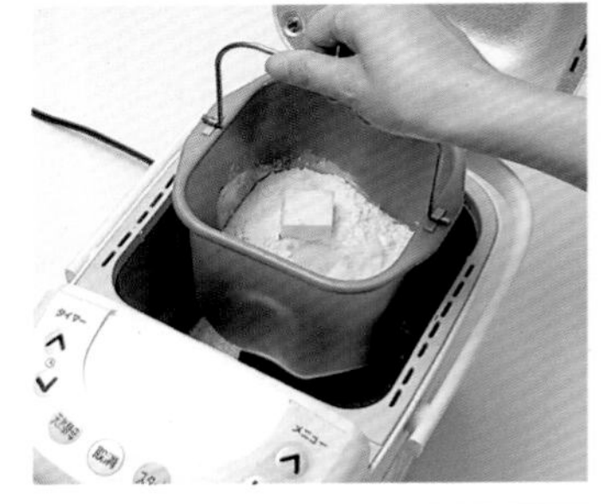

B) 将面包桶放回面包机内，选择菜单中的程序，然后启动开关。

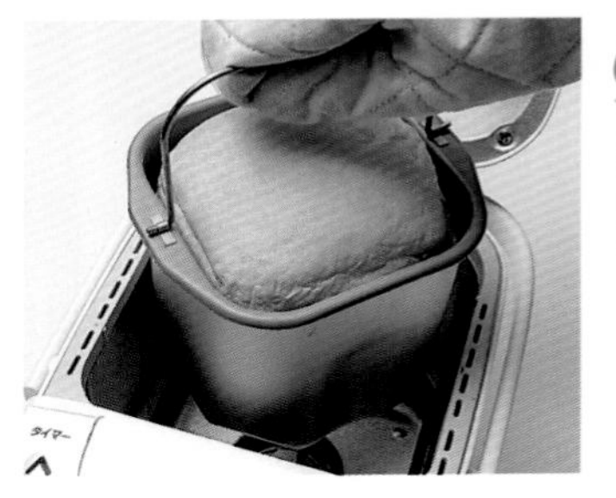

C) 烘焙完成后，戴上隔热手套将面包桶取出，以免被烫伤。

D) 将面包从桶内取出。具体方法可以参照第17页的步骤17。

汤种面包

hot water class bakery

“汤种”在日语中的意思是温热的面糊或稀面糊，用它做出来的面包更有弹性和嚼劲，而且保存时间比较长，可以连续吃好几天。

原材料	500g	750g
汤种		
高筋面粉	100g	150g
盐	3g	4.5g
开水	80ml	120ml
面团		
高筋面粉	100g	150g
干酵母	3g	4.5g
绵白糖	15g	23g
无盐黄油	10g	15g
水	20ml	30ml
牛奶	70ml	105ml

1 制作汤种：在碗中放入规定量的高筋面粉和盐，然后加入开水（图A），用筷子拌匀。待面团成形后（图B），包上保鲜膜（图C），放入冰箱冷藏12小时。

2 将制作面包面团的原材料全部放进面包桶中，再将步骤1做好的汤种分成小块添加进去（图D）。选择“普通面包制作程序”，开始烘焙。

A 将高筋面粉与盐放在碗中混合，然后倒入开水。

B 充分搅拌，使其形成完整的面团。

C 用保鲜膜包住面团，再将其放入冰箱冷藏，以强化面粉的麸质。

D 将水、面粉等原材料放入面包桶，然后将汤种分成三四块加入。

水分是决定面包品质的一个重要因素。加水过多会导致面包膨胀过度或者表皮凹凸不平、纹理粗糙，相反则会导致面包膨胀不足、质地干硬。如果你在烘焙时有过类似的失败经历，那么在下次烘焙时，务必要调整水的用量。面粉自身也含有一定的水分，再加上空气湿度的影响，所以在实际操作的时候，我们应该综合考虑各种因素，调整水的用量。

Woolmers

在原本味道平淡的白面包中加入鸡蛋和黄油，可以使平凡无奇的面包顿时变得味道丰富。如果再在其表面划一道切口并挤入黄油，入炉烘焙后，它立马就变成一款馥郁香浓的黄油面包，不仅又香又软，而且口感酥脆，绝对好吃！

TIPS:

任何一款面包机都能够完成这些步骤。用规格为750克的机器烘焙500克的面包时，面包离桶口还有一段距离，因此在取放面包及割包时，注意不要被烫伤。为了准确地把握"开始烘焙的10分钟之前"这个时间点，我们可以先做一次实验，记录下烘焙步骤开始的时间，然后向前推算10分钟。这款面包是用松下面包机制作的，我们应在启动开关3小时后进行割包。

原材料	500g	750g
高筋面粉	250g	375g
盐	5g	7.5g
干酵母	4g	6g
绵白糖	20g	30g
无盐黄油（和面用）	30g	45g
鸡蛋	1/2 个（25g）	3/4 个（38g）
水	150ml	225ml
无盐黄油（刷面用）	适量	适量

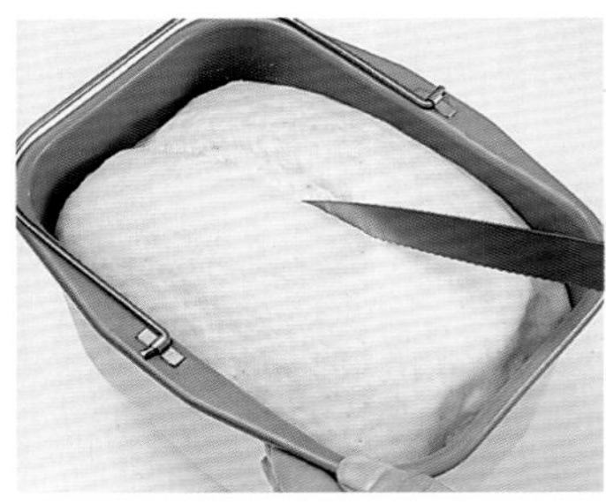

A) 在开始烘焙的 10 分钟之前，用锋利的刀为面团割包。

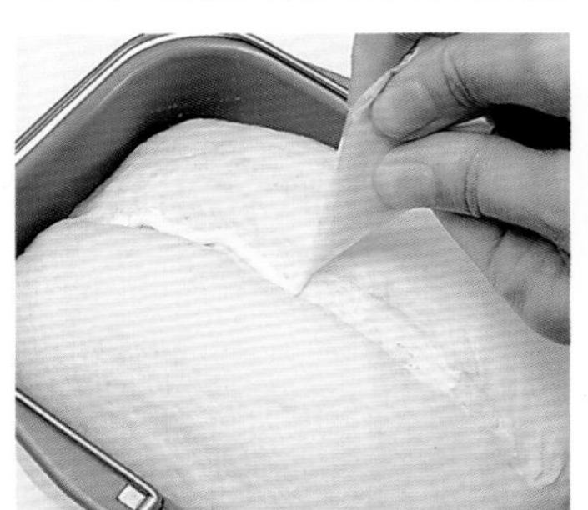

B) 沿着切口，用裱花袋挤上细细的一条黄油。

C) 烘焙完成后，这道切口会将面包从中间一分为二。如果面包发酵过度的话，切口会显得很深，而且面包的口感也不好。

做法

1 将除刷面用的黄油以外的所有原材料放入面包桶，选择"普通面包制作程序"并启动开关。

2 将刷面用的黄油放在常温下使其软化，然后装入保鲜袋，并用剪刀剪去保鲜袋的一角，制成裱花袋。

3 在开始烘焙的 10 分钟之前（启动开关大约 3 小时后），将面包桶从面包机中取出，用锋利的刀为面团割包（图 A）。然后，沿着切口挤入步骤 2 中准备好的黄油（图 B），再将面包桶放回面包机，开始烘焙（图 C）。

裱花袋的制作方法

在制作黄油面包以及肉桂卷（第154页）时，我们需要在面包上挤一层黄油或糖霜，这时使用裱花袋会很方便。裱花袋的制作方法很简单。

做法

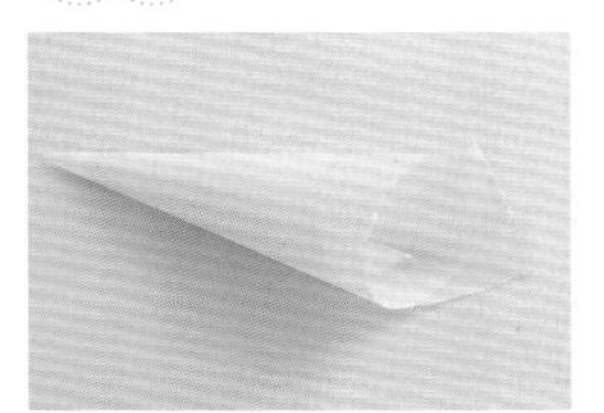

1 取一张15厘米长的蜡纸，卷成圆锥形，尖的一端要裹紧，开口的一端也要固定。

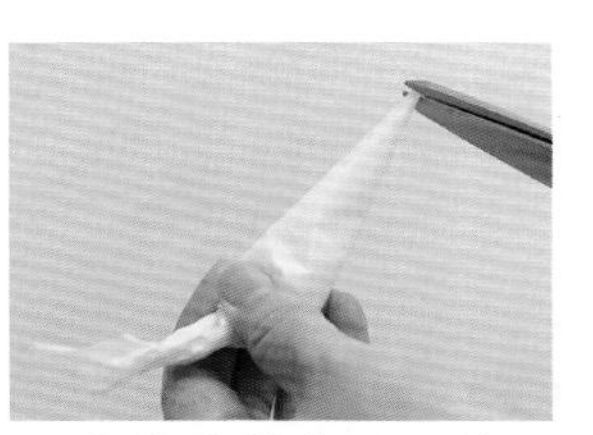

2 在裱花袋中装入待用的配料，然后用剪刀将尖的那一端稍微剪掉一些即可。

简易面包之

法式面包

french loaf

制作法式面包很简单，只需要启动面包机的开关就可以了。面包出炉后，再抹上一层厚厚的黄油或果酱——尽情沉浸于这份简单而不失精致的别样感受中吧!

原材料	500g	750g
中筋面粉（或法国面粉）	250g	375g
盐	5g	7.5g
干酵母	3g	4.5g
绵白糖	5g	8g
无盐黄油	10g	15g
水	185ml	278ml

将所有原材料倒入面包桶中，选择“普通面包制作程序”，启动开关，开始烘焙。

法国面粉是专门为制作法式面包而准备的面粉。因为其中所含的麸质较少，所以用它制作的面包吃起来没有那么大的嚼劲。

简易面包之

米粉面包

rice flour bread

这款面包由于米粉细腻香甜的口感以及它的营养保健功能而备受青睐！

原材料	500g	750g
高筋面粉	180g	270g
米粉	70g	105g
盐	4g	6g
干酵母	3g	4.5g
绵白糖	10g	15g
起酥油	20g	30g
水	180ml	270ml

做法

将所有原材料倒入面包桶，选择“普通面包制作程序”，启动开关，进行烘焙。

米粉是用粳米磨成的粉，为方便制作点心而被磨得比较精细，使用起来十分方便。

精致面包之

奶油面包

fresh cream bread

这款面包散发着鲜奶油浓郁的奶香味，切片后食用味道更佳，是不能错过的美味！

先将鲜奶油和水倒入面包桶，再依次放入高筋面粉、盐、绵白糖和黄油，最后放入干酵母。

原材料	500g	750g
高筋面粉	250g	375g
盐	4g	6g
干酵母	3g	4.5g
绵白糖	20g	30g
无盐黄油	30g	45g
鲜奶油	50ml	75ml
水	125ml	190ml

做法

将所有原材料倒入面包桶，选择“普通面包制作程序”，启动开关，开始烘焙。

酸奶面包

yogurt bread

这款面包融合了酸奶淡淡的甜味和酸味，是水果、奶酪和葡萄酒的好搭档！

在这款配方中，我们用酸奶来代替水。先将酸奶倒入面包桶，然后依次放入其他的原材料。这里使用的是市面上的无糖原味酸奶。

原材料	500g	750g
高筋面粉	250g	375g
盐	4g	6g
干酵母	3g	4.5g
绵白糖	30g	45g
原味酸奶（无糖）	100ml	150ml
牛奶	80ml	120ml

将所有原材料一起倒入面包桶，选择“普通面包制作程序”，启动开关，开始烘焙。

酸面团黑麦面包

sourdough rye bread

它是用市面上卖的酸面团制作的简易面包，其中黑麦面粉的用量不多，面包出炉后会带有淡淡的酸味。

原材料	500g	750g
高筋面粉	220g	330g
黑麦面粉	30g	45g
盐	5g	7.5g
干燥的酸面团（图A）	25g	38g
干酵母	2g	3g
蜂蜜	10g	15g
原味酸奶（无糖）	30ml	45ml
水	170ml	255ml

将所有原材料放入面包桶（图B、C、D），选择“普通面包制作程序”，启动开关，开始烘焙。

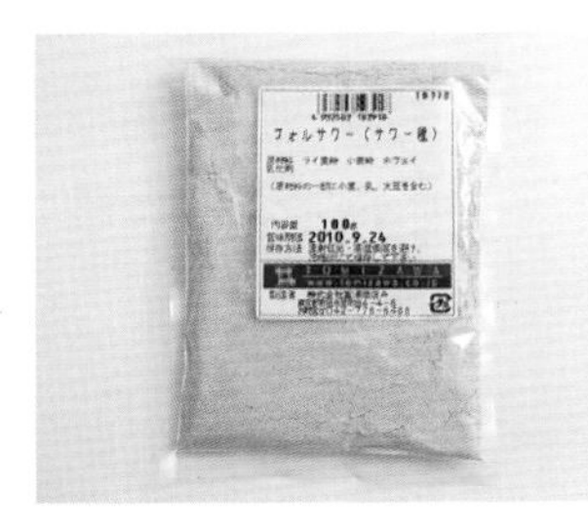

A）本配方中使用的是将酸面团加工后得到的酸面团干粉。将其加入面团后，黑麦原有的酸味就会散发出来。

B）黑麦面粉的颗粒较小，使用方便。

C）原味酸奶可以增加乳酸菌和酸味。

D）在放入其他所有的原材料后，再加入干酵母。

在黑麦面包中掺入酸奶能够使酵母更好地发挥作用。黑麦面粉中的蛋白质跟小麦面粉中的不同，它只有在面团变成酸性时才富有弹性。因此在制作黑麦面包时，我们需要使用含有乳酸菌的酸面团，这也是黑麦面包具有独特的酸味的原因。

我们可以购买现成的酸面团，如本配方中所使用的酸面团干粉，也可以自制酸面团。其方法很简单：向黑麦面粉中边加水边搅拌，黑麦中所含有的乳酸菌便会开始发酵，在室温下放置一段时间后，酸面团就做好了。在本配方中，我们还加入了原味酸奶，这是为了进一步提高面团的酸性，从而提高酵母的发酵能力。

此外，对面包而言，酸奶还有另一个令人可喜的作用。它可以让出炉的面包更加松软，而且还可以长时间保持这种松软的感觉。这个作用不仅适用于黑麦面包，也同样适用于其他的面包。大家可以试试看，一定会有意想不到的惊喜。

NEEDLECRAFT
Amiah and Mennonite Quilts 12
There are many designs of vari-

糙米面包

brown rice bread

糙米不好煮熟，最好先放在水中浸泡一个晚上。

原材料	500g	750g
高筋面粉	250g	375g
盐	5g	7.5g
干酵母	3g	4.5g
绵白糖	15g	23g
起酥油	20g	30g
水	170ml	255ml
糙米	30g	45g

糙米要先放在水中浸泡一个晚上，再放入锅中煮熟。

1 将糙米洗好后，放在水中浸泡一个晚上。

2 将糙米中的水分沥干后放入锅中，加入 150 毫升水，煮至锅中的水分完全蒸发。

3 将除糙米之外的原材料依次放入面包桶，选择“普通面包制作程序”并启动开关。

4 预发酵完成后，放入步骤 2 中煮熟的糙米。

小米面包

millet bread

小米面包的口感略微粗糙，十分特别。

原材料	500g	750g
高筋面粉	250g	375g
盐	4g	6g
干酵母	3g	4.5g
绵白糖	15g	23g
起酥油	15g	23g
水	170ml	255ml
小米	30g	45g

小米是一种杂粮，用它做出来的面包略微发黄。

1 准备好耐热容器，放入小米，加入恰好能没过它的水，将容器放入微波炉中加热约 1.5 分钟，然后将水倒掉。

2 将除小米以外的原材料放入面包桶，选择“普通面包制作程序”，启动开关。

3 预发酵完成后，放入步骤 1 中准备好的小米。

小麦胚芽面包

germ bread

经过烘焙的小麦胚芽十分香脆。

原材料	500g	750g
高筋面粉	250g	375g
小麦胚芽	30g	45g
盐	4g	6g
干酵母	3g	4.5g
绵白糖	15g	23g
脱脂牛奶	10g	15g
水	180ml	270ml

小麦胚芽含有丰富的维生素，作为保健食品而备受人们喜爱。

1 将小麦胚芽放在 180℃的烤箱内烘焙 5 分钟，取出后冷却待用。

2 将所有原材料依次放入面包桶，选 择“ 普 通面包制作程序”，启动开关。

3 在即将开始烘焙时（启动开关大约 3 小时后），在面团上撒上适量的小麦胚芽（不计入用量），然后进行烘焙。

五谷杂粮面包

cereals bread

用五谷杂粮制作的面包有一股乡村风味。

原材料	500g	750g
高筋面粉	250g	375g
盐	4g	6g
干酵母	3g	4.5g
绵白糖	15g	23g
起酥油	20g	30g
水	180ml	270ml
五谷杂粮	30g	45g
蛋清、五谷杂粮（装饰用）适量		

五谷杂粮是多种杂粮掺在一起的混合物，可根据个人喜好自由搭配。

1 准备好耐热容器，放入杂粮，加入恰好能没过它的水，将容器放入微波炉中加热约 1.5 分钟，然后将水倒掉。

2 将除杂粮之外的原材料放入面包桶，选择“普通面包制作程序”，启动开关。

3 预发酵完成后，倒入步骤 1 中准备好的杂粮。

4 在开始烘焙的 10 分钟之前，在面包表面刷一层蛋清并撒上杂粮，开始烘焙。

五谷杂粮面包
小米面包
小麦胚芽面包
糙米面包

简易面包之

玉米面包

corn meal bread

这款玉米面包浓郁的香味有点儿像麦芬的味道呢！

原材料	500g	750g
高筋面粉	200g	300g
玉米粉	60g	90g
盐	4g	6g
干酵母	3g	4.5g
绵白糖	20g	30g
无盐黄油	30g	45g
脱脂牛奶	10g	15g
水	175ml	265ml

玉米粉是用玉米磨成的粉，分为粗玉米粉和细玉米粉，可以根据个人喜好选择。

做法

将所有原材料依次放入面包桶，选择“普通面包制作程序”并启动开关。在进入烘焙工序之前，在面团表面撒上适量玉米粉（不计入用量），然后开始烘焙。

简易面包之

黑麦面包

rye bread

若是搭配香肠和奶酪一起食用的话，这款面包的味道会更佳。

原材料	500g	750g
高筋面粉	200g	300g
黑麦面粉	50g	75g
盐	4g	6g
干酵母	3g	4.5g
绵白糖	15g	23g
起酥油	25g	38g
水	175ml	265ml

黑麦具有耐寒的特点，多生长于北欧等较冷的地区。黑麦面粉的独特酸味使做出来的面包味道更加浓郁！

做法

将所有原材料依次放入面包桶，选择“普通面包制作程序”并启动开关。在进入烘焙工序之前，在面团表面撒上适量的黑麦面粉（不计入用量），然后开始烘焙。

简易面包之

荞麦面包

buckwheat bread

带有淡淡麦香的荞麦面粉也很适合做面包呢。

原材料	500g	750g
高筋面粉	230g	345g
荞麦面粉	40g	60g
盐	4g	6g
干酵母	3g	4.5g
绵白糖	10g	15g
起酥油	25g	38g
水	160ml	240ml

荞麦面粉呈褐色，带有淡淡的麦香味，用它做出来的面包很有嚼劲。

做法

将所有原材料依次放入面包桶，选择“普通面包制作程序”并启动开关。在进入烘焙工序之前，在面团表面撒上适量的荞麦面粉（不计入用量），然后开始烘焙。

简易面包之

全麦面包

graham bread

这款面包独特的香味和口感让人回味无穷。

原材料	500g	750g
高筋面粉	150g	225g
全麦面粉	100g	150g
盐	4g	6g
干酵母	3g	4.5g
绵白糖	10g	15g
起酥油	20g	30g
脱脂牛奶	10g	15g
水	180ml	270ml

全麦面粉是用整颗小麦粒研磨而成的面粉，它保留了麸皮和胚芽，因此也保留了更多的营养。

做法

将所有原材料依次放入面包桶，选择“普通面包制作程序”并启动开关。在进入烘焙工序之前，在面团表面撒上适量的全麦面粉（不计入用量），然后开始烘焙。

DIY面包的创意食谱

奶酪煎蛋吐司

使用烤箱，很容易就能做出焦脆酥香的烤面包片。

原材料（参考分量：2人份）	
简易白面包（第15页）	2片（3cm厚）
鸡蛋	2个
奶酪	20g
盐、胡椒粉	少量

做法

1. 沿着面包片的边缘划出一个方形，按下中间的部分，使其凹陷下去（图A）。
2. 在碗中打一个鸡蛋，将蛋液轻轻地倒入步骤1做成的凹陷处（图B），然后在四周铺上一圈制作比萨饼常用的奶酪。
3. 用烤箱将面包片中的蛋液烤至半熟，趁热将面包片装盘，然后撒上盐和胡椒粉。

除了配方中提到的面包外，我们还可以使用以下面包：
菠菜面包（第64页）
番茄面包（第66页）
火腿泡菜面包（第113页）

A) 用手轻轻按下面包片中间的部分，使其凹陷下去。

B) 在碗中打一个鸡蛋，将蛋液轻轻地倒入面包片中间凹陷下去的部分。

奶油玉米面包盒

使用烤箱，很容易就能做出焦脆酥香的烤面包片。

* * *

除了配方中提到的面包外，我们还可以使用以下面包：
日常白面包（第18页）
汤种面包（第20页）
酸面团黑麦面包（第28页）

原材料（参考分量：2人份）	
简易白面包（第15页）	500g
奶油玉米	1/2罐（200g）
奶油白酱	1/2罐（150g）
洋葱	1/2个
培根	2片
绿芦笋	2根
盐、胡椒粉、色拉油、奶酪粉	适量

做法

1. 将面包从中间一分为二，然后用刀或手将中间的部分掏出来（图A），形成2个大小差不多的面包盒（图B），注意底部不要留得太厚。
2. 将洋葱圈切成半圆形，培根斜着切成1厘米左右的长条，再将绿芦笋斜着切开，放在水中煮熟。
3. 在锅里放油，预热后，倒入洋葱、奶油玉米和奶油白酱翻炒，并加入盐和胡椒粉调味。
4. 将步骤3中准备好的配料等分后倒入2个面包盒中，并在最上面放上煮熟的绿芦笋和培根，再撒上一层奶酪粉，然后放入烤箱，烤至焦黄色。

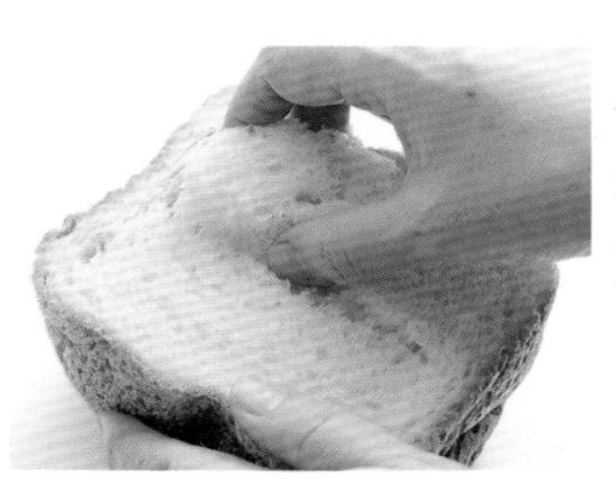

A）将面包从中间一分为二，然后用刀或手将中间的部分掏出来。

B）图为面包被掏空后形成的面包盒。如果底部过薄或出现了漏洞，可以用掏出来的面包心将其塞住。

香蕉花生酱吐司

这是花生酱与香蕉的绝妙组合。

＊ ＊ ＊

原材料（参考分量：2 人份）	
DIY 苹果酵种面包（第 41 页）	2 片（2cm 厚）
香蕉	2 根
花生酱（粗粒、无糖）	20g
砂糖	适量

做法

1 将 2 根香蕉切成 1.5 ~ 2 厘米厚的小段。

2 在面包上涂上花生酱（图 A），然后将步骤 1 中切好的香蕉整齐地摆在上面（图 B），再撒上砂糖。

3 放入烤箱烘焙，待面包片上色均匀后取出。

除了配方中提到的面包外，我们还可以使用以下面包：
酸奶面包（第27页）
小麦胚芽面包（第30页）
可可大理石面包（第68页）

A)
最好使用颗粒较大的花生酱，这样吃起来会更香。

B)
将香蕉整齐地摆在花生酱上，再撒上一层砂糖，也可以用蜂蜜来代替砂糖。

蜂蜜烤小面包丁

这些一口就能吃掉的面包丁很是小巧可爱。

* * *

原材料（参考分量：2 人份）	
简易白面包（第 15 页）	2 片（3cm 厚）
黄油	20g
蜂蜜	2 大勺
香草冰激凌	适量

1 将面包片切成 12 块（图 A），并分别涂上黄油（图 B）。
2 将步骤 1 中的面包块放入烤箱中烘焙，烤至香脆后趁热装盘。
3 放上冰激凌，并淋上蜂蜜。

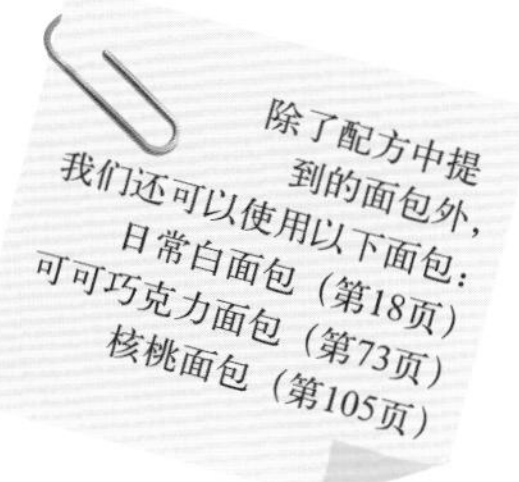

A) 将厚厚的面包片等分为 12 块。

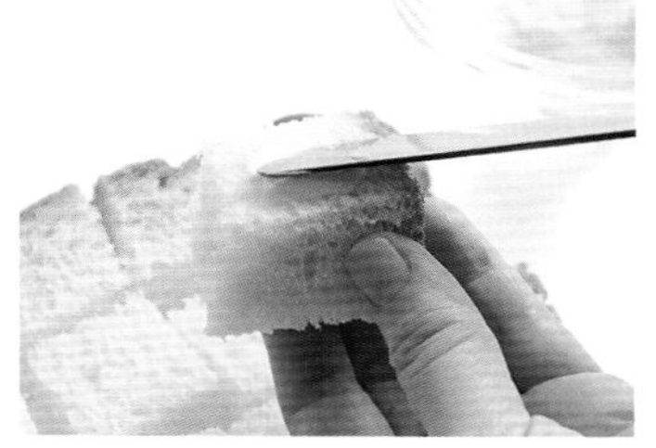

B) 在面包块上分别涂上黄油，然后放入烤箱烤至香脆。先切后烤，以免产生太多的碎屑。

蛋黄酱沙丁鱼吐司

烘焙过的蛋黄酱与白面包是最经典的组合之一。

* * *

原材料（参考分量：2人份）	
简易白面包（第15页）	2片（2cm厚）
油浸沙丁鱼	8条
洋葱	$^{1}/_{6}$个
芹菜	5cm长
盐、胡椒粉、橄榄油	少量
香菜、粗粒黑胡椒、蛋黄酱	适量

做法

1. 将洋葱和芹菜切成薄片，加入盐、胡椒粉和橄榄油，搅拌均匀。
2. 将步骤1中的配料平铺在面包片上，然后放上沙丁鱼。
3. 挤上蛋黄酱，将面包片放入烤箱。
4. 出炉后，在面包片上撒上粗黑粒胡椒和切碎的香菜。

除了配方中提到的面包外，我们还可以使用以下面包：
法式面包（第24页）
芥末面包（第74页）
罗勒奶酪面包（第77页）

蛋黄酱的用量可以根据个人口味酌情增减。

第2章 天然酵母面包

这种使用天然酵母做出来的面包有着普通面包无法比拟的味道。面团由酵母和细菌共同发酵而成，在发酵过程中吸收了充足的水分，所以它在烘焙时会散发各种不同的香味，在味道上会稍微偏酸。所使用的酵母不同，烘焙出来的面包也各具特色，而这也正是手工制作的乐趣所在。天然酵母既可以从市面上直接购买，也可以自己动手来做。

简易面包之 DIY苹果酵种面包

homemade apple yeast bread

使用苹果酵种制作面包既能够充分发挥苹果本身的美味，也能够大大改善面包的味道！

原材料		
苹果酵母种液		
苹果		1个
水		约500ml
苹果酵母发泡酵头		
苹果酵母种液		200ml
高筋面粉		200g
面团	**500g**	**750g**
日本国产高筋面粉	250g	375g
盐	5g	7.5g
苹果酵母发泡酵头	120g	180g
粗糖	20g	30g
无盐黄油	20g	30g
水	120ml	180ml

TIPS:

尽量选用无农药残留的苹果，具体品种可以任意选择。

关于日本国产高筋面粉的信息请参见第43页的专栏介绍，这里也可以用普通的高筋面粉代替。

做法

1 制作苹果酵母种液（图1～9）。

2 用苹果酵母种液制作发泡酵头（图10～15）。

3 准备好原材料，将其依次放入面包桶，选择“天然酵母面包制作程序”，启动开关，开始烘焙（图16～18）。

TIPS:

种液和发泡酵头的最佳发酵温度为25～30℃。如果温度太低的话，酵母的活动会变慢；如果温度太高的话，生成的其他菌类又会影响面包的口感。因此，我们需要严格控制温度。

1）制作苹果酵母种液。将需要使用的瓶子放在沸水中高温消毒，并用干净的布擦干。

2）将苹果连核带皮切成小块。

3）在步骤1的瓶中放入切好的苹果，然后加水，直至没过苹果。

4）拧上瓶盖（不要太紧），将瓶子放在25～30℃的环境下，每天用干净的勺子搅拌一次。

TIPS:

在发酵的过程中会有气体产生，如果盖子拧得太紧的话，发酵产生的气体有可能损伤容器，所以我们建议将盖子拧得松一些。

5

放置一天后，瓶中会产生少量气泡。

6

3 ~ 4 天后，苹果完全上浮，产生的气泡越来越多，同时散发着一股酒香味。最好每天观察一次。

7

打开盖子后，如果明显有气体冒出，就表示种液已经基本培养好了。

8

用筛子过滤种液。不用刻意将水从苹果中挤出，让它自己流出来即可。

9

这是培养好的种液。取出本次需要使用的量，剩余部分可以冷藏保存 2 ~ 3 周。

10

制作发泡酵头。在消过毒的瓶中放入 100 克高筋面粉和 100 毫升苹果酵母种液，充分搅拌后放在 25℃的环境下。

11

盖上盖子，将瓶子在温暖的地方放置 12 ~ 24 小时。发泡酵头发酵时间的长短会受到温度的影响。

12

当面团膨胀至原来体积的 2 倍时，就可以开始第二次混合了。

13

将高筋面粉和种液倒入瓶中，进行第二次混合。之后，盖上瓶盖，将瓶子在温暖的地方放置 12 ~ 24 小时。

14

发泡酵头做好了。它的体积是以前的 3 倍，从上面看，其表面有一些细小的气泡。

15

充分发酵好的发泡酵头应该是醇厚细滑的。我们可以用勺子轻轻舀一下，判断它是否发酵得恰到好处。

16

准备好制作面团的原材料，并进行准确称量。

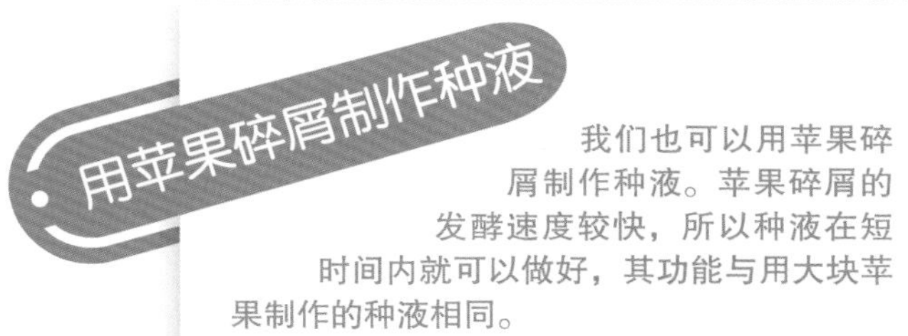

用苹果碎屑制作种液

我们也可以用苹果碎屑制作种液。苹果碎屑的发酵速度较快，所以种液在短时间内就可以做好，其功能与用大块苹果制作的种液相同。

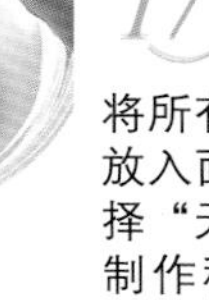

17

将所有原材料依次放入面包桶中，选择“天然酵母面包制作程序”，启动开关，开始烘焙。

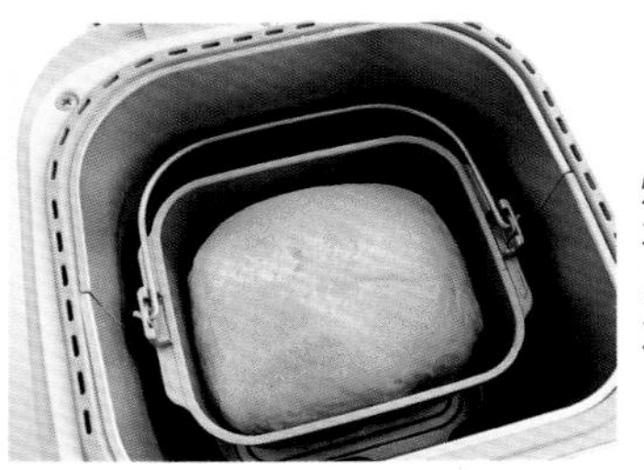

18

烘焙完成后，立即将做好的面包取出，放在冷却架上冷却。

做法

1 先将苹果去皮、切开、去核，再将果肉研磨成碎屑。之后，将所有碎屑装入消过毒的瓶中，再加入500毫升左右的水，松松地拧上盖子，在25 ~ 30℃的环境中放置12 ~ 24小时。

2 当瓶中大量苹果碎屑浮起并产生大量气泡时，种液就制作完毕了。用网眼比较密的筛子分离苹果碎屑和液体，然后用跟前面一样的方法制作发泡酵头。

★使用筛子时，我们可以先在筛子上铺上一层纸巾。

TIPS:

发泡酵头可以在冰箱中冷藏保存7～10天，但是其发酵能力会逐渐减弱，所以我们建议在3～4天内将其用完。

日本国产高筋面粉

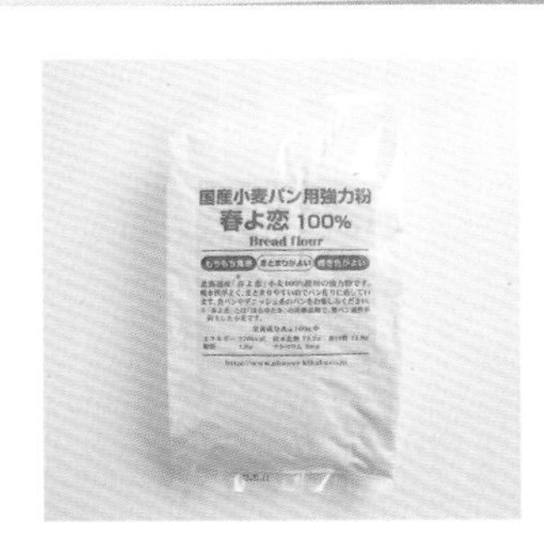

在日本，市面上一般销售的高筋面粉中都掺有进口面粉，品质比较稳定，所以不同品牌的面粉之间没有太大的差别，而日本本地生产的高筋面粉按照具体产地的不同而各具特色。用这种面粉做成的面包味道虽然很棒，但因为面粉不易吸收水分，所以面包的膨胀度稍显不足。如果是新手的话，最好选择使用比较方便的普通高筋面粉；一旦手法娴熟了之后，就可以根据具体需要，选择更具特色的其他高筋面粉了。

DIY葡萄干酵种面包

homemade grape yeast raisin bread

用自制的葡萄干酵种来做一款面包吧！因为使用的是家庭自制的天然酵种，所以我们对面包的期望会更高。

原材料

葡萄干酵母种液		
葡萄干		100g
水		400ml
葡萄干发泡酵头		
葡萄干酵母种液		200ml
高筋面粉		200g
面团	**500g**	**750g**
高筋面粉	250g	375g
盐	5g	7.5g
葡萄干发泡酵头	120g	180g
绵白糖	25g	38g
无盐黄油	25g	38g
脱脂牛奶	10g	15g
鸡蛋（中）	$^{1}/_{2}$ 个（25g）	$^{3}/_{4}$ 个（38g）
水	150ml	225ml
葡萄干	70g	105g

做法

1 制作葡萄干酵母种液。在经过沸水消毒的瓶内装入葡萄干并加入水，轻轻地拧上盖子，在 25 ~ 30℃的地方放置 3 ~ 4 天。每天打开一次瓶盖，进行搅拌。如果瓶中出现了大量气泡，打开盖子后能闻到浓浓的酒香味，而且沉在底部的葡萄干已经全部浮起了，种液就已经做好了（图 A）。

2 在筛子上铺一层纸巾，然后对步骤 1 中的物质进行过滤。用干净的小勺按压葡萄干，将种液挤出来（图 B），再将提取出来的种液装入消过毒的瓶中（图 C）。

3 制作发泡酵头。在消过毒的瓶内装入 100 克高筋面粉，再加入步骤 2 中的 100 毫升种液，充分搅拌后（图 D），将其在温暖的地方放置 12 ~ 24 小时。

4 当面团的体积膨胀至原来的 2 倍时，再次加入 100 克高筋面粉和 100 毫升种液，充分搅拌后，将其在温暖的地方放置 12 ~ 24 小时（图 E）。当它膨胀至之前体积的 2 倍时，发泡酵头就做好了（图 F）。

5 将除葡萄干以外的原材料依次放入面包桶，选择“天然酵母面包制作程序”并启动开关。预发酵完成后，倒入葡萄干。

A) 如果放了数日后，葡萄干虽然浮起但仍未产生气泡的话，可以向瓶中加入一小勺蜂蜜。

B) 因为葡萄干会吸收大量种液，所以过滤时需要用勺子按压葡萄干，将种液挤出来。

C) 种液若一次用不完的话，可以装进经过沸水消毒的瓶子里，留待下次使用。种液可以冷藏保存 2 ~ 3 周。

D) 进行第一次混合。将高筋面粉与种液搅拌均匀，然后将瓶子在温暖的地方放置 12 ~ 24 小时。

E) 第二次混合后，将瓶子在温暖的地方放置 12 ~ 24 小时。

F) 发泡酵头制作完毕。葡萄干酵种的葡萄味很浓，所以一般会用其制作葡萄干面包。

星野天然酵母蜂蜜面包

honey bread

在日本销售的所有天然酵母中，星野天然酵母是最具代表性的一种。它是经过天然酵母和乳酸菌等混合培育得到的，用它做出来的面包香味和甜味更加浓郁！

原材料

星野天然酵母发泡酵头
（参考分量：2 ~ 2.5kg 的面包）

星野天然酵母（颗粒）		50g
温水		100ml
面团	**500g**	**750g**
高筋面粉	250g	375g
盐	4g	6g
星野天然酵母发泡酵头	25g	38g
蜂蜜	30g	45g
无盐黄油	25g	38g
鸡蛋（中）	1/2 个（25g）	3/4 个（38g）
水	130ml	195ml

做法

1. 制作发泡酵头。在消过毒的瓶子中放入星野天然酵母（图 A），倒入温水（图 B），用勺子搅拌（图 C）。然后盖上盖子，将杯子放在 25 ~ 30℃的地方。
2. 放置 20 小时后，打开瓶盖，天然酵母会变成乳液状并散发着刺鼻的味道（图 D）。将杯子在 25℃的地方继续放置 30 小时，让液体自然发酵。当液体散发着浓浓的酒香味并变得黏稠时，发泡酵头就做好了（图 E）。
3. 将所有原材料放入面包桶中（图 F），选择“天然酵母面包制作程序”，开始烘焙。

TIPS:

有些面包机本身就带有制作酵头的程序，可以在其自带的杯子内依次放入星野天然酵母（颗粒）和温水，用勺子充分搅拌后，将盖子盖好，然后按照说明书的要求，启动面包机的酵头醒发程序。24小时后，酵头就做好了。酵头在冰箱中可以冷藏保存2周左右，但其发酵能力会逐渐减弱，因此我们建议在1周内将其全部用完。

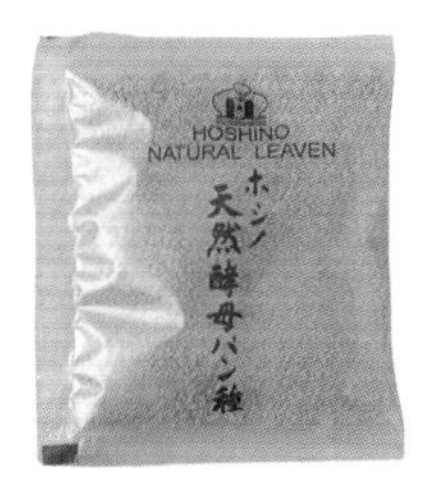

A）星野天然酵母是一种 100% 天然酵母，它的发酵能力很强。

B）天然酵母不能接触杂菌，所以必须保证使用的瓶子是干净的。

C）勺子也需要认真清洗并擦干。

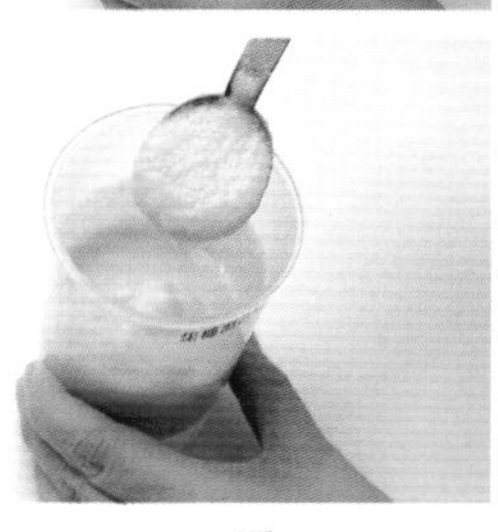

D）当天然酵母变成乳液状之后，检查一下它是否散发着刺鼻的味道。

E）在 25℃左右的地方放置 30 小时。当液体散发着浓浓的酒香味并变得黏稠时，发泡酵头就做好了。

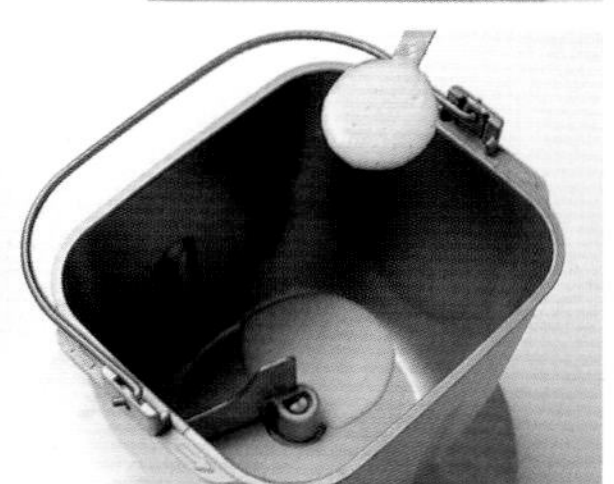

F）先将酵头放入面包桶，再放入其他原材料。选择“天然酵母面包制作程序”，开始烘焙。

星野天然酵母乡村面包

rustique bread

这是一款朴实无华的法式面包，含水量较大。它很适合用天然酵母来制作，如果在制作过程中添加一些全麦面粉的话，成品的香味就更加浓郁了。

原材料	500g	750g
高筋面粉	200g	300g
全麦面粉	50g	75g
盐	5g	7.5g
星野天然酵母发泡酵头	30g	45g
粗糖	20g	30g
水	200ml	300ml

TIPS:

星野天然酵母发泡酵头的制作方法参照第47页。

做法

将所有原材料依次放入面包桶，选择“天然酵母面包制作程序”，启动开关，开始烘焙。

将发泡酵头跟其他的原材料一起放入面包桶。

星野天然酵母果干面包

dried fruits bread

酸甜的水果干与浓香的坚果搭配在一起，别有一番风味。

原材料	500g	750g
高筋面粉	250g	375g
盐	3g	4.5g
星野天然酵母发泡酵头	30g	45g
粗糖	30g	45g
水	170ml	255ml
A		
无花果干	70g	105g
山葡萄干	50g	75g
榛子	50g	75g

TIPS:

星野天然酵母发泡酵头的制作方法参照第47页。

1 将配料A中的无花果干和榛子切成小丁待用（图A）。
2 将除无花果干和榛子之外的所有原材料依次放入面包桶，选择“预发酵完成后”，启动开关。
3 预发酵完成后，加入配料A（图B）。

A）将榛子和无花果干切好待用。

B）山葡萄干是用山葡萄制成的，在本配方中也可以用普通葡萄干来代替。

简易面包之

白神酵母面包

simple bread

白神酵母的发酵能力很好，其中含有海藻糖（糖类的一种），可以在很大程度上改善面包的味道！

原材料	500g	750g
高筋面粉	250g	375g
盐	4g	6g
白神酵母	5g	7.5g
温水（30℃）	15ml	23ml
绵白糖	15g	23g
无盐黄油	15g	23g
脱脂牛奶	10g	15g
水	175ml	263ml

做法

1 按照3:1的比例，用温水溶解白神酵母（图A、B、C）。

2 先放入溶解之后的白神酵母，再将其他原材料依次放入面包桶（图D）。选择“天然酵母面包制作程序”，启动开关，开始烘焙。

A）白神酵母是在日本秋田县和青森县交界的世界遗产——白神山地中发现的野生酵母菌。

B）白神酵母呈细小的颗粒状。

C）温水的放入量：制作500克的面包需要1大勺，制作750克的面包需要$1^1/_2$大勺。

D）先用温水溶解白神酵母，然后将其倒入面包桶，再放入其他原材料。

天然酵母是什么？

天然酵母是用天然的原材料对自然界中的多种酵母和微生物进行培养而得到的。例如，星野天然酵母就是一种用小麦面粉、米和水培养出来的天然酵母。而我们之前介绍过的两种自制酵母是通过简单地向苹果或葡萄干中加水得到的（苹果和葡萄干中带有天然的酵母）。市面上卖的天然酵母因为经过了加工，所以性质比较稳定。相对而言，虽然自制酵母的性质不太稳定，但是用它制作的面包变化更加丰富，也更加有趣。

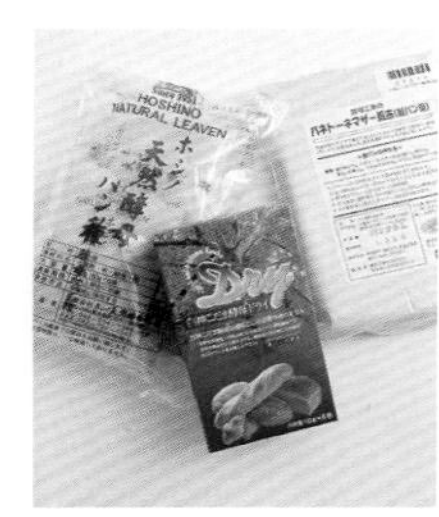

白神酵母红糖面包

brown sugar bread

红糖面包的味道香浓，口感松软，质地膨松，色泽质朴。

原材料	500g	750g
高筋面粉	250g	375g
盐	4g	6g
白神酵母	6g	9g
温水（30℃）	18ml	27ml
红糖	35g	53g
脱脂牛奶	10g	15g
无盐黄油	10g	15g
水	175ml	263g

做法

用温水溶解白神酵母，将其与其他原材料一起倒入面包桶，选择“普通面包制作程序”，启动开关，开始烘焙。

红糖是没有经过高度提炼和脱色的蔗糖，颜色接近黑褐色，营养价值很高。

简易面包之

白神酵母芝麻面包

black&white sesame bread

这款面包揉入了大量的黑芝麻和白芝麻，成品散发着浓浓的芝麻香味，味道醇厚。

原材料	500g	750g
高筋面粉	250g	375g
盐	5g	7.5g
白神酵母	5g	7.5g
温水（30℃）	15ml	23ml
粗糖	20g	30g
黑芝麻	2大勺	3大勺
白芝麻	2大勺	3大勺
橄榄油	10ml	15ml
水	170ml	255ml

做法

用温水溶解白神酵母，将其与其他原材料一起倒入面包桶，选择“普通面包制作程序”，启动开关，开始烘焙。

芝麻可以给面包带来更为浓郁的香味，它们星星点点分布在面包上的样子也很可爱。

潘妮托尼牛奶面包

milk bread

潘妮托尼酵母是乳酸菌与罕见的酵母菌完美融合的天然酵种之一，用它制作出的面包口感格外松软。这种酵母的使用方法跟普通酵母一样简单，可以直接和其他原材料一起倒入面包桶中。

原材料	500g	750g
高筋面粉	250g	375g
盐	4g	6g
潘妮托妮酵母	15g	23g
无盐黄油	20g	30g
炼乳（含糖）	20g	30g
牛奶	170ml	255ml

将原材料依次放入面包桶（图A、B、C），选择“普通面包制作程序”，启动开关，开始烘焙。

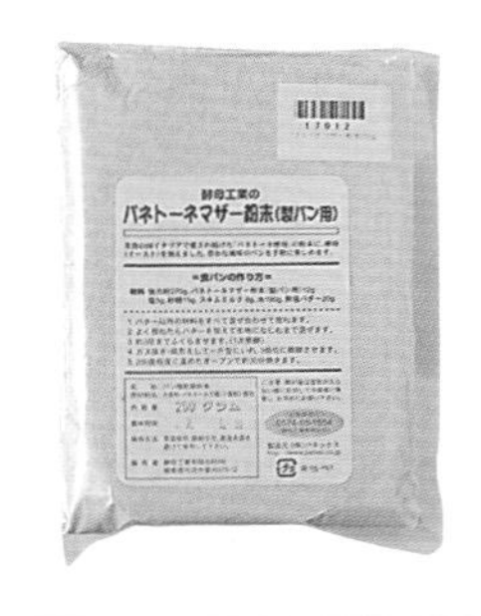

潘妮托尼酵母粉是日本PANEX公司利用独特的发酵和干燥等技术，将原本只存在于阿尔卑斯山一带的潘妮托尼酵母制成的粉末，其中还加入了少许干酵母。

潘妮托尼酵母粉呈干燥的粉末状，和普通酵母一样，可以和其他原材料一起放入面包桶。

先将牛奶、高筋面粉、盐和黄油等原材料一起放入面包桶，再放入潘妮托尼酵母粉，充分搅拌后，启动开关，开始烘焙。

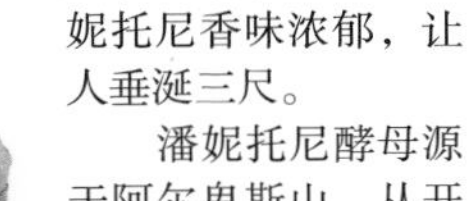

潘妮托尼是著名的意大利圣诞节面包，原本是意大利人在圣诞节和新年期间制作的一款浓郁型面包。“潘妮托尼”这个词源自意大利北部的时装重镇米兰，原意为“大面包”。它呈圆柱形，高12～15厘米，顶端呈圆形，和面时要将橘子皮、柠檬皮、葡萄干、奶油、蛋黄等与面粉和水一起拌匀。丰富的配料加上长时间的低温发酵，使果香与面粉的香味充分融合，出炉的潘妮托尼香味浓郁，让人垂涎三尺。

潘妮托尼酵母源于阿尔卑斯山，从开始使用至今已有400多年，适合用来制作各种甜面包。用它做出来的面包口感松软，味道富于变化。

加入适量炼乳可以提升面包的奶香味和甜味。

潘妮托尼吐司面包

panettone

这是圣诞节餐桌上不可或缺的一款面包，里面掺入了大量干果，可以跟葡萄酒搭配食用。

原材料	500g	750g
高筋面粉	250g	375g
盐	4g	6g
潘妮托妮酵母	15g	23g
红糖	40g	60g
无盐黄油	80g	120g
蛋黄（1个）、牛奶	170ml	255ml
干果	100g	150g

做法

1. 将除干果以外的原材料放入面包桶，选择“普通面包制作程序”，启动开关。
2. 预发酵完成后，倒入各种干果。

这里用到的干果是葡萄干、蓝莓干、杏仁等各类干果的混合物，将其在预发酵完成后倒入面包桶。

甜面包之 潘妮托尼粗糖面包

panettone with cane sugar

潘妮托尼酵母跟味道甜的原材料很搭配，如粗糖。这款面包口感细腻，回味无穷，很适合做三明治。

原材料	500g	750g
高筋面粉	200g	300g
低筋面粉	50g	75g
盐	3g	4.5g
潘妮托妮酵母	15g	23g
粗糖	50g	75g
无盐黄油	40g	60g
水	170ml	255ml

做法

将所有原材料依次放入面包桶，选择“普通面包制作程序”，启动开关，开始烘焙。

在制糖工艺中，粗糖属于粗加工的产品。它的香味和甜味都很重，除了直接加入面团之外，也可以用来给面包上色。

DIY面包的创意食谱

泰式胡萝卜沙拉口袋面包

先将面包切成厚片，然后在里面夹上色泽鲜亮的蔬菜沙拉。

* * *

原材料（参考分量：2人份）	
简易白面包（第15页）	1片（4cm厚）
胡萝卜	50g
白萝卜	30g
A	
鱼露	1大勺
青柠檬汁	$^1/_2$个青柠檬
绵白糖	1大勺
辣椒粉	少量
盐	少量
蛋黄酱	适量
香菜	少量

做法

1. 将胡萝卜和白萝卜切成细丝，撒上盐后用手揉搓。
2. 待盐被吸收后，轻轻地挤出萝卜中的水分，加入配料A（图A），并充分搅拌。
3. 将面包一分为二，在每块的中间各切一道口，做成口袋状（图B），然后挤入蛋黄酱，夹入胡萝卜丝和白萝卜丝，最后在上面放上装饰用的香菜。

除了配方中提到的面包外，我们还可以使用以下面包：
汤种面包（第20页）
全麦面包（第33页）
红椒面包（第74页）

A) 鱼露和青柠檬是颇具泰国风味的调味料，本配方中也可以用黄柠檬来代替青柠檬。

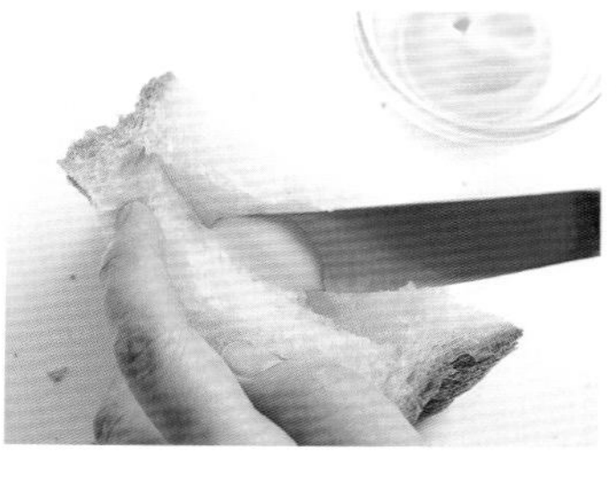

B) 用刀在面包切片的中间切一道口，做成口袋状。

意式番茄吐司

将面包切成小三角形，做成时尚的不夹心三明治。

* * *

原材料（参考分量：2人份）	
星野天然酵母乡村面包（第48页）	2片（1cm厚）
橄榄油	$1\frac{1}{2}$小勺
A	
番茄（小）	$\frac{1}{2}$个
罗勒（生）	4根
帕尔玛奶酪（块状）	适量
盐	少量
B	
西葫芦	$\frac{1}{3}$根
鳀鱼肉	1片
橄榄油	适量
盐、胡椒粉	少量

做法

1 取一片面包，将其切成4个三角形（图A），在每块三角形面包的表面淋上一层橄榄油（图B），然后将面包放入烤箱烘烤。

2 将配料A中的番茄切成薄片，将其放在其中2块烤好的三角形面包上，再放上罗勒和切成小块的奶酪，最后撒上盐，插上牙签。

3 将配料B中的西葫芦切成半月形，向锅中放入橄榄油，倒入西葫芦翻炒，并撒上盐和胡椒粉。将炒熟的西葫芦放在剩下的2块三角形面包上，然后放上鳀鱼肉片，最后插上牙签。

除了配方中提到的面包外，我们还可以使用以下面包：
法式面包（第24页）
酸面团黑麦面包（第28页）
大蒜香草面包（第76页）

A) 将面包切成三角形，这样吃起来会更方便。

B) 橄榄油可以改善面包的味道。

墨西哥风味三明治

在两片厚厚的面包中间夹上鲜嫩的牛肉和新鲜的蔬菜，吃起来真是唇齿留香。

* * *

原材料（参考分量：2人份）	
简易白面包（第15页）	4片（2cm厚）
A	
肉馅	150g
面包屑	2大勺
牛奶	20ml
鸡蛋	$^{1}/_{2}$个
洋葱	$^{1}/_{4}$个
盐、胡椒粉	少量
B	
番茄	$^{1}/_{2}$个
洋葱（红皮）	$^{1}/_{8}$个
西芹	5cm
辣椒粉	少量
油醋汁	2大勺
黄油、生菜、色拉油	适量

除了配方中提到的面包外，我们还可以使用以下面包：
日常白面包（第18页）
玉米面包（第32页）
芥末面包（第74页）

使用油醋汁来制作步骤3的混合物是比较方便的，也可以根据个人口味加入切碎的香菜。

做法

1. 将配料A中的洋葱切碎并与其他原材料充分混合，然后将混合物整成2个大小相仿的肉饼。
2. 在锅内倒入色拉油，油热后将步骤1中的肉饼下锅煎熟。
3. 将配料B中的番茄、洋葱和西芹分别切成小丁，加入辣椒粉和油醋汁拌匀。
4. 将面包片放入烤箱，烤至稍微变色后取出，涂上黄油，依次放上生菜、肉饼和步骤3中的混合物，最后再盖上一片面包。

韩式烤肉三明治卷

这是将猪肉和蔬菜紧紧裹起来的三明治卷，只有一口大小，吃起来很是方便！

* * *

原材料（参考分量：2人份）

汤种面包（第20页）	2片（1cm厚）
五花肉	50g
生菜	2片
黄瓜	1/3根
盐、胡椒粉	适量
A	
韩式辣椒酱	1小勺
味噌	1大勺
蛋黄酱	2大勺

做法

1. 将五花肉切成薄片并等分为3份，撒上盐和胡椒粉，用平底锅煎熟。将黄瓜切成细丝待用。
2. 将配料A中的3种调料充分搅拌，做成一种新的调料。
3. 在面包上涂上步骤2做成的调料，并依次放上生菜、步骤1中煎好的肉片和黄瓜丝（图A），然后将面包片卷起，卷完后用保鲜膜包好（图B），放置片刻。
4. 在每个面包卷上插入3组牙签，每组2根，随后将面包卷等分为3份。

除了配方中提到的面包外，我们还可以使用以下面包：
日常白面包（第18页）
黑胡椒面包（第75页）
芝麻面包（第82页）

A) 这是面包卷中原材料的摆放顺序，放好后将面包片卷成一个面包卷。

B) 用保鲜膜包住面包卷有助于其定型。

虾肉土豆鞑靼三明治

在煮好的土豆和虾肉中拌入鞑靼沙司，做成不夹心的三明治。

* * *

原材料（参考分量：2人份）

简易白面包（第15页）	1片（1.5cm厚）
虾	4只
土豆	1/2个
卷心菜	适量
A	
蛋黄酱	1大勺
酸黄瓜（小）	1/2根
洋葱丁	1大勺
煮好的鸡蛋	1/3个
盐、胡椒粉	少量
芥末、香葱末	适量

1. 将虾去壳后放入水中煮熟，将土豆去皮后切成圆片放入水中煮熟。
2. 将配料A中的熟鸡蛋和酸黄瓜切成丁，并和其他配料拌匀。
3. 将面包片切成4小块，放入烤箱中稍微烤一下。然后在面包片上涂一层芥末，再依次放上卷心菜、土豆片和虾肉，放上步骤2中做好的鞑靼沙司，最后撒上一层香葱末。

除了配方中提到的面包外，我们还可以使用以下面包：
法式面包（第24页）
荞麦面包（第33页）
潘妮托尼吐司面包（第56页）

芥末的辣味可以将其他配料的味道有机地融合在一起。

第3章 五彩斑斓的面包

五彩斑斓的面包既可以使人在视觉上获得满足，也可以使人在味觉上获得新的体验。本章中介绍了健康的蔬菜面包、增强食欲的香料面包以及甜美的牛奶巧克力面包等，并且充分考虑了其中添加的各种配料的性质以及它们之间的营养搭配关系。总之，面团可以多种多样，面包也可以五颜六色，一切都在你的掌握之中。

南瓜面包

pumpkin bread

这是一款颜色漂亮的蔬菜面包，南瓜泥配上黄油和鸡蛋，极大地丰富了面包的味道！

原材料	500g	750g
高筋面粉	250g	375g
盐	3g	4.5g
干酵母	3g	4.5g
绵白糖	30g	45g
无盐黄油	20g	30g
鸡蛋（中）	1个（50g）	$1\frac{1}{2}$个（75g）
牛奶	60ml	90ml
A		
南瓜（净重）	200g	300g
水	30ml	45ml

1 将配料A中的南瓜去皮后加水煮软，然后沥干水分，趁热用叉子将其按压成南瓜泥（图A）。

2 将所有原材料放入面包桶（图B），选择“普通面包制作程序”，启动开关，开始烘焙。

A) 用叉子轻轻地按压煮过的南瓜，将其碾成泥。

B) 将南瓜泥和其他原材料一起放入面包桶，开始烘焙。

菠菜面包

spinach bread

将用开水烫熟的菠菜揉入面团，做一款既简单又健康的面包吧！它的颜色很特别，可以用来做普通三明治或不夹心的三明治。

原材料	500g	750g
高筋面粉	250g	375g
盐	3g	4.5g
干酵母	3g	4.5g
绵白糖	15g	23g
橄榄油	20ml	30ml
水	100ml	150ml
A		
菠菜	70g	105g
水	20ml	30ml

做法

1 将配料A中的菠菜放入开水中烫熟，然后沥干水分，用菜刀切成碎末（图A）。

2 将所有原材料放入面包桶（图B），选择“普通面包制作程序”，启动开关，开始烘焙。

A) 先将菠菜切成小段，然后进一步将其切成碎末。

B) 将菠菜与其他原材料一起放入面包桶，开始烘焙。

菠菜
面包
南瓜
面包

简易面包之

胡萝卜面包

carrot bread

这款面包不仅健康好吃，鲜亮的橙色更为我们带来了一种视觉享受。

原材料	500g	750g
高筋面粉	250g	375g
盐	4g	6g
干酵母	3g	4.5g
蜂蜜	25g	38g
起酥油	20g	30g
脱脂牛奶	15g	23g
胡萝卜（中）	2根（200g）	3根（300g）
橙汁（或水）	60ml	90ml

搓成末状的胡萝卜。不需要挤出水分，可以直接使用。

做法

1 将胡萝卜擦成末待用。

2 将所有原材料一起放入面包桶，选择“普通面包制作程序”，启动开关，开始烘焙。

简易面包之

番茄面包

tomato bread

番茄使面包的颜色更加鲜艳。

原材料	500g	750g
高筋面粉	250g	375g
盐	4g	6g
干酵母	3g	4.5g
糖	20g	30g
起酥油	15g	23g
脱脂牛奶	10g	15g
番茄罐头	200g	300g
干罗勒	1小勺	$1^1/_2$小勺

番茄罐头可以带汁使用。

做法

将所有原材料一起放入面包桶，选择“普通面包制作程序”，启动开关，开始烘焙。

简易面包之

青汁面包

green juice bread

这款绿色的面包吃起来并没有想象中的那么苦涩。

原材料	500g	750g
高筋面粉	250g	375g
盐	4g	6g
干酵母	3g	4.5g
绵白糖	20g	30g
起酥油	20g	30g
青汁	100ml	150ml
水	70ml	105ml

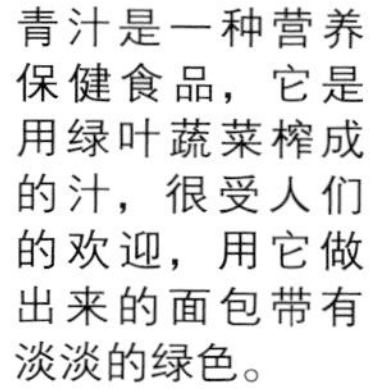

青汁是一种营养保健食品，它是用绿叶蔬菜榨成的汁，很受人们的欢迎，用它做出来的面包带有淡淡的绿色。

做法

将所有原材料一起放入面包桶，选择“普通面包制作程序”，启动开关，开始烘焙。

简易面包之

艾草面包

yomogi bread

这款使用艾草制作的面包带有一股清新的味道。

原材料	500g	750g
高筋面粉	250g	375g
艾草粉	12g	18g
盐	4g	6g
干酵母	3g	4.5g
绵白糖	15g	23g
起酥油	20g	30g
脱脂牛奶	10g	15g
鸡蛋（中）	1/2个（25g）	3/4个（38g）
水	150ml	225ml

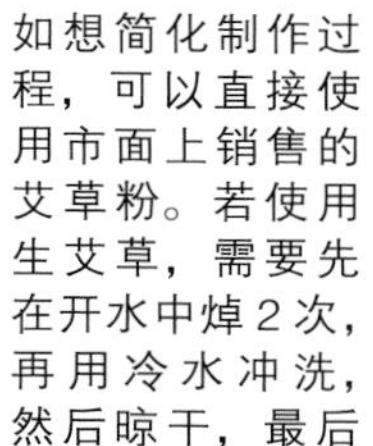

如想简化制作过程，可以直接使用市面上销售的艾草粉。若使用生艾草，需要先在开水中焯2次，再用冷水冲洗，然后晾干，最后切成碎末。

做法

将所有原材料一起放入面包桶，选择“普通面包制作程序”，启动开关，开始烘焙。

甜面包之

可可大理石面包

cocoa marble bread

这款面包如甜品一般诱人，很适合在下午茶时间享用。

原材料	500g	750g
高筋面粉	200g	300g
低筋面粉	50g	75g
盐	3g	4.5g
干酵母	3g	4.5g
绵白糖	40g	60g
鸡蛋（中）	1个（50g）	$1^{1}/_{2}$个（75g）
无盐黄油	30g	45g
牛奶	130ml	195ml
A		
可可粉	1小勺	$1^{1}/_{2}$小勺
砂糖	1小勺	$1^{1}/_{2}$小勺

做法

1 将除了配料A之外的原材料倒入面包桶，选择“普通面包制作程序”，启动开关。将配料A中的原材料充分混合后待用。

2 初发酵完成后，取出面团，取下搅拌刀。用擀面杖将面团擀成约25厘米长的椭圆形面片，撒上配料A，然后先将其横向卷起（图A），再将其纵向卷起（图B），最后放回面包桶（图C），开始烘焙。

TIPS:
关于取放面团的时机请参照第8页的说明。

A)

均匀地撒上可可粉和砂糖后，将面团横向卷起。

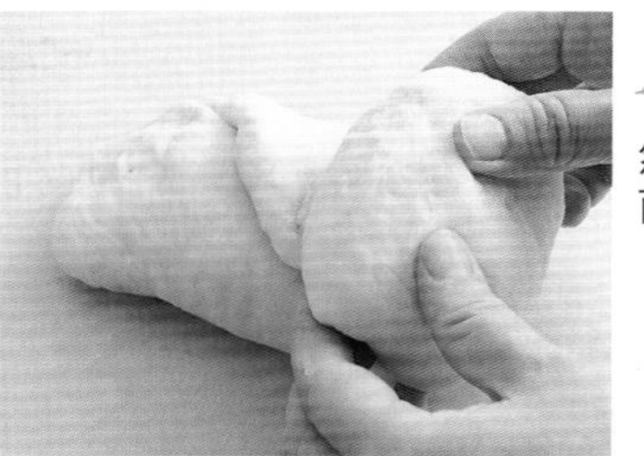

B)

然后将横向卷好的面团纵向卷起。

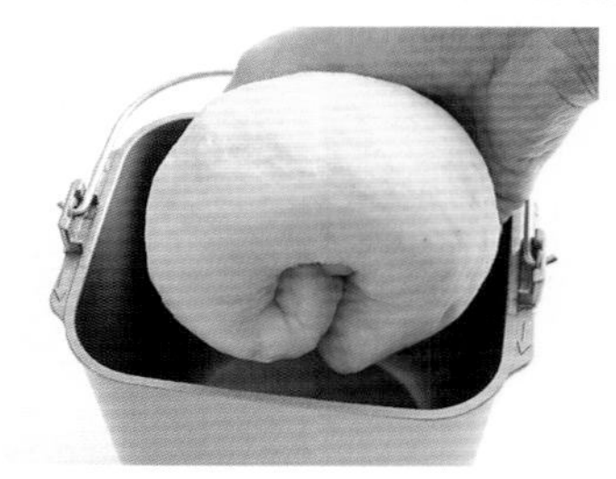

C)

将卷好的面团接缝处向下放回面包桶，开始烘焙。

甜面包之

太妃糖大理石面包

caramel marble bread

制作这款太妃糖甜面包的关键是：取出面团后，要迅速地将配料裹进去。

原材料	500g	750g
高筋面粉	200g	300g
低筋面粉	50g	75g
盐	3g	4.5g
干酵母	3g	4.5g
绵白糖	40g	60g
无盐黄油	30g	45g
鸡蛋（中）	1个（50g）	$1^1/_2$个（75g）
牛奶	130ml	195ml
太妃糖	10颗	15颗
A		
肉桂粉	$^1/_2$小勺	不到1小勺
砂糖	1小勺	$1^1/_2$小勺

做法

1. 将除太妃糖和配料A以外的原材料放入面包桶中，选择“吐司面包制作程序”，启动开关。
2. 将每颗太妃糖切成两半，然后和配料A搅拌均匀。
3. 初发酵完成后，取出面团，并取下搅拌刀。用擀面杖将面团擀成约25厘米长的椭圆形面片，将$^2/_3$的太妃糖和$^2/_3$的配料A平铺在面片上（图A）。横向折起面片，折至$^1/_3$处时将剩下的太妃糖和配料A铺在其背面（图B），然后将接缝处封好。
4. 将步骤3中折好的面团再纵向卷起（图C），放回面包桶，开始烘焙。

TIPS:

关于取放面团的时机请参照第8页的说明。

A）在椭圆形的面片上撒上$^2/_3$的太妃糖和$^2/_3$的配料A。

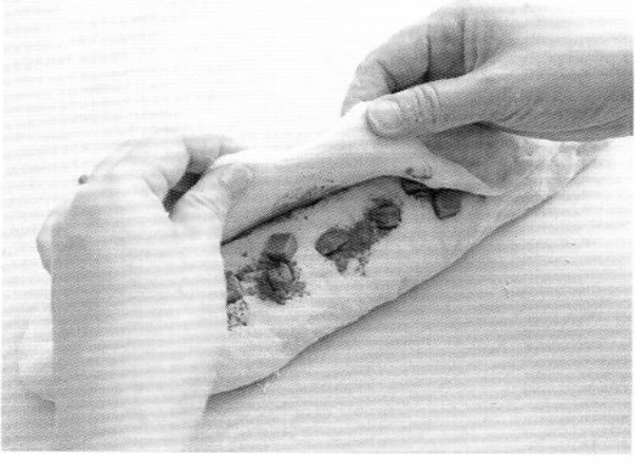

B）横向折叠面片，将剩下的太妃糖和配料A撒在折起部分的背面。

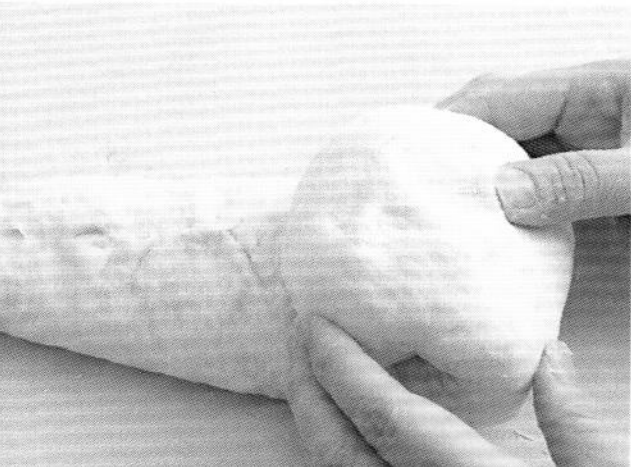

C）将接缝处封好，将面团纵向卷起后放回面包桶。

椰蓉红茶面包

coconut&tea bread

轻轻地咬上一口，仿佛是在品味香茶。甜甜的椰香和略带苦涩的红茶完美地融合在一起，诞生了这款不俗的面包。

原材料	500g	750g
高筋面粉	250g	375g
盐	3g	4.5g
干酵母	3g	4.5g
绵白糖	30g	45g
无盐黄油	20g	30g
红茶包	2 袋	2 袋
开水	180ml	270ml
椰蓉	20g	30g

A) 用开水冲泡其中一袋红茶，将另一袋红茶中的茶叶倒出待用。

B) 将椰肉削成细丝再经过加工就得到了椰蓉，椰蓉可以增加面包的甜味和椰子香味。

做法

1. 用开水冲泡其中一袋红茶，茶水尽量浓一些，然后将其晾凉。打开另一袋红茶，将里面的红茶倒入玻璃器皿中待用（图 A）。
2. 将所有原材料倒入面包桶，选择“普通面包制作程序”，启动开关，开始烘焙。

甜面包之 米酒红藻面包

amazake&yukari bread

米酒为这款面包提供了所有的水分，而红藻中富含天然的盐分。这两款配料大大增加了面包的香味，使面包甜中带咸，让人久久不能忘怀。

原材料	500g	750g
高筋面粉	250g	375g
盐	3g	4.5g
干酵母	3g	4.5g
绵白糖	40g	60g
红藻	1 大勺	$1^1/_2$ 大勺
米酒	170ml	255ml

此处使用的米酒为瓶装或罐装。若使用速食米酒的话，需要先用热水将其溶解，然后将其放凉待用。

A) 先倒入米酒。米酒既可以增加面包的甜味，也能为面包提供水分。

B) 红藻的咸味和香味可以突显出米酒的甜味。

将所有原材料依次放入面包桶（图 A、B），选择“普通面包制作程序”，启动开关，开始烘焙。

简易面包之

牛奶咖啡面包

milk coffee bread

将牛奶咖啡掺入面团中——面包又多了一重味道！

原材料	500g	750g
高筋面粉	250g	375g
盐	4g	6g
干酵母	3g	4.5g
绵白糖	25g	38g
无盐黄油	30g	45g
速溶咖啡粉	10g	15g
牛奶	70ml	105ml
水	100ml	150ml

做法

将所有原材料依次放入面包桶，选择“普通面包制作程序”，启动开关，开始烘焙。

TIPS:

左图是涂上奶油酱的面包。奶油酱的制作方法请参照第166页。

将速溶咖啡粉与面粉一起放入面包桶，速溶咖啡比较有利于和面。

甜面包之

可可巧克力面包

cocoa&chocolate bread

这款面包同时使用了可可粉和巧克力片，味道更加浓郁！

原材料	500g	750g
高筋面粉	250g	375g
盐	4g	6g
干酵母	3g	4.5g
绵白糖	35g	53g
无盐黄油	40g	60g
加水稀释后的蛋液（1个鸡蛋）	160ml	240ml
可可粉	20g	30g
巧克力片	50g	75g

这里使用的是无糖可可粉，它是和面粉一起放入面包桶的。

做法

1. 将除巧克力片之外的所有原材料倒入面包桶，选择“普通面包制作程序”，启动开关。
2. 预发酵完成后，倒入巧克力片。

简易面包之

牛奶红茶面包

milk tea bread

这是一款掺入了茶叶的香浓的面包。

原材料	500g	750g
高筋面粉	250g	375g
盐	3g	4.5g
干酵母	3g	4.5g
绵白糖	20g	30g
无盐黄油	20g	30g
红茶包	1 袋	$1^{1}/_{2}$ 袋
牛奶	170ml	255ml

茶包中装的红茶叶片细小，很适合掺入面粉中来制作面包。格雷伯爵牌的红茶香味浓郁，是最合适的选择。

做法

1. 将牛奶放入微波炉中加热1.5分钟，之后将红茶包打开，将茶叶倒入牛奶，冷却待用。
2. 将步骤1中的奶茶和其他原材料放入面包桶，选择“普通面包制作程序”，启动开关，开始烘焙。

简易面包之

红椒面包

red pepper bread

添加的香料使这款面包无论在色彩上还是在味道上都极具冲击力。

原材料	500g	750g
高筋面粉	250g	375g
盐	3g	4.5g
干酵母	3g	4.5g
绵白糖	20g	30g
辣椒粉	1大勺	$1\frac{1}{2}$大勺
辛辣粉	2小勺	1大勺
大蒜盐	1小勺	$1\frac{1}{2}$小勺
橄榄油	20ml	30ml
水	180ml	270ml

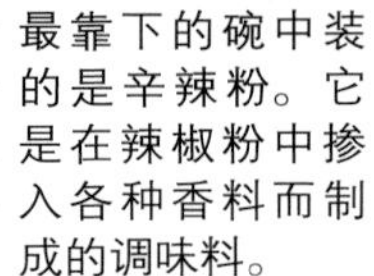

最靠下的碗中装的是辛辣粉。它是在辣椒粉中掺入各种香料而制成的调味料。

做法

将所有原材料依次放入面包桶，选择“普通面包制作程序”，启动开关，开始烘焙。

简易面包之

芥末面包

mustard bread

这款面包在制作时掺入了一定量的芥末，味道很特殊。

原材料	500g	750g
高筋面粉	250g	375g
盐	5g	7.5g
干酵母	3g	4.5g
绵白糖	10g	15g
粗粒芥末	2小勺	1大勺
大藏芥末	2小勺	1大勺
橄榄油	10ml	15ml
水	180ml	270ml

粗粒芥末由苹果醋和盐制成，大藏芥末中则添加了白葡萄酒，它们均原产于法国，辛辣度比日式青芥低很多，因此做出的面包很适合儿童食用。

做法

将所有原材料依次放入面包桶，选择“普通面包制作程序”，启动开关，开始烘焙。

姜黄面包

turmeric bread

这款面包散发着咖喱一般的香味，很适合与辛辣的菜肴一起食用。

原材料	500g	750g
高筋面粉	250g	375g
盐	5g	7.5g
干酵母	3g	4.5g
绵白糖	10g	15g
姜黄	2 小勺	1 大勺
格拉姆香料粉	1 小勺	$1^1/_2$ 小勺
小茴香	2 小勺	1 大勺
橄榄油	20ml	30ml
水	180ml	270ml

最靠下的碗中装的是姜黄，它可以给面包上色，还能与格拉姆香料粉（最右边）和小茴香一起为面包添加浓郁的咖喱味道。

将所有原材料依次放入面包桶，选择“普通面包制作程序”，启动开关，开始烘焙。

简易面包之

黑胡椒面包

black pepper bread

在成分单调的面团里稍微添加一些黑胡椒吧！面包的味道马上就会发生改变。

原材料	500g	750g
高筋面粉	250g	375g
盐	5g	7.5g
干酵母	3g	4.5g
绵白糖	10g	15g
粗粒黑胡椒	1 小勺	$1^1/_2$ 小勺
橄榄油	10ml	15ml
水	180ml	270ml

图中为粗粒黑胡椒。如果使用现磨的黑胡椒的话，胡椒的香味会更重，面包的味道也会更好。

做法

将所有原材料依次放入面包桶，选择“普通面包制作程序”，启动开关，开始烘焙。

大蒜香草面包

garlic&herb bread

这款面包散发着大蒜和香草的香味，与葡萄酒很搭。

原材料	500g	750g
高筋面粉	250g	375g
盐	4g	6g
干酵母	3g	4.5g
绵白糖	10g	15g
无盐黄油	20g	30g
水	175ml	263ml
混合香草	1 小勺	$1\frac{1}{2}$ 小勺
干蒜片	10g	15g

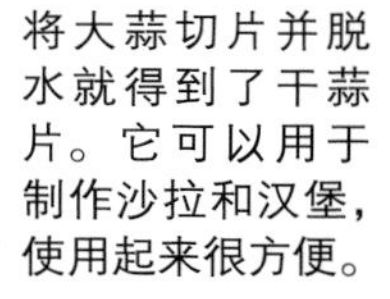
将大蒜切片并脱水就得到了干蒜片。它可以用于制作沙拉和汉堡，使用起来很方便。

1 将除干蒜片以外的原材料依次放入面包桶，选择“普通面包制作程序”，启动开关。

2 预发酵完成后，放入干蒜片。

简易面包之

生姜面包

ginger bread

甜中带辣，口有余香，这是种不可思议的味道。

原材料	500g	750g
高筋面粉	250g	375g
盐	4g	6g
干酵母	3g	4.5g
蜂蜜	20g	30g
起酥油	20g	30g
水	170ml	255ml
生姜汁	1 小勺	$1\frac{1}{2}$ 小勺
生姜蜜饯	30g	45g

生姜蜜饯是用糖熬制生姜做成的，和生姜汁搭配在一起时，味道会更加爽口。也可用姜汁粉来代替。

1 将除生姜蜜饯以外的原材料依次放入面包桶，选择“普通面包制作程序”，启动开关。

2 预发酵完成后，加入生姜蜜饯。

胡椒奶酪面包

pepper&cheese bread

微辣的胡椒和酸甜的奶酪也是好搭档。

原材料	500g	750g
高筋面粉	250g	375g
盐	4g	6g
干酵母	3g	4.5g
绵白糖	10g	15g
无盐黄油	25g	38g
脱脂牛奶	10g	15g
水	175ml	263ml
胡椒混合物	1 小勺	$1^{1}/_{2}$ 小勺
奶酪	50g	75g

图中为黑、白、红、绿胡椒的混合物，将该混合物粗粗磨碎后使用。

1 将除奶酪以外的原材料依次放入面包桶，选择“普通面包制作程序”，启动开关。

2 将奶酪切成小块待用。

3 预发酵完成后，加入步骤 2 中的奶酪。

简易面包之

罗勒奶酪面包

basil&cheese bread

这款面包将罗勒清爽的香味和奶酪细滑的口感完美地融合在了一起。

原材料	500g	750g
高筋面粉	250g	375g
盐	5g	7.5g
干酵母	3g	4.5g
绵白糖	10g	15g
奶酪粉	3 大勺	$4^{1}/_{2}$ 大勺
干罗勒	1 大勺	$1^{1}/_{2}$ 大勺
橄榄油	20ml	30ml
水	170ml	255ml

与新鲜的罗勒相比，经过烘烤后的干罗勒香味更加浓郁。

将所有原材料依次放入面包桶，选择“普通面包制作程序”，启动开关，开始烘焙。

精致面包之

丹麦面包

danish bread

在自己家中就能制作这款精致的面包。这款面包中添加了比较多的黄油，层层叠叠，味道浓郁。

原材料	500g	750g
高筋面粉	180g	270g
低筋面粉	70g	105g
盐	4g	6g
干酵母	3g	4.5g
绵白糖	25g	38g
无盐黄油（和面用）	30g	45g
蛋黄	1个（20g）	$1\frac{1}{2}$个（30g）
水	140ml	210ml
无盐黄油（折叠用）	150g	225g

做法

1 将折叠用的黄油装入保鲜袋，擀成16厘米×16厘米的正方形，然后放入冰箱冷藏。

2 将除折叠用的黄油之外的原材料放入面包桶，选择“普通面包制作程序”，启动开关。第二次搅拌完成后，将面团取出。

3 用擀面杖将面团擀成25厘米×25厘米的正方形，将步骤1中冷藏好的黄油平铺在面片中间，然后从四周将其包起来（图A）。将接缝处封好，再用擀面杖将其擀成约40厘米长的长条（图B）。

4 将长条折3折后（图C），将面片转90度，再将面片擀成长条，并再次折叠。接着用保鲜膜包好面片或将面片装进保鲜袋中，放入冰箱冷藏15分钟。

5 15分钟后，将面片取出，擀成20厘米×40厘米的长条（制作500克的面包），并从一端向另一端慢慢卷起（图D）。卷好后，按5厘米左右的宽度用棉线将面团等分为4份（图E）。

6 取出搅拌刀，在醒发开始前将面团放回面包桶内，开始醒发和烘焙。

TIPS:

步骤3～5需要在醒发开始之前完成。本书中使用的是MK精工面包机，在显示剩余时间为2小时10分钟时，将面团取出，约30分钟后，再将面团放回面包机中。关于取放面团的时机请参照第8页的说明。

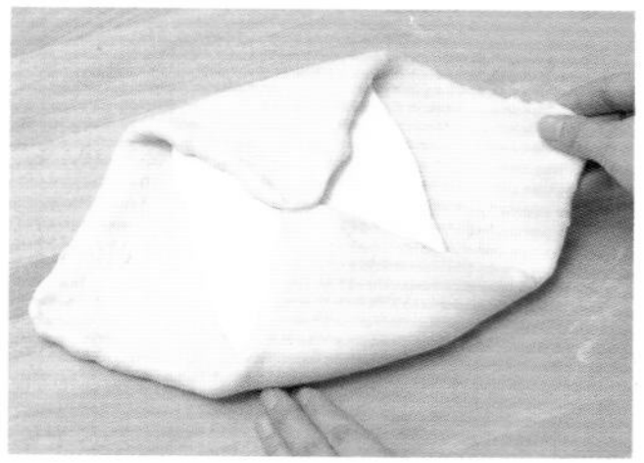

A) 先将面团擀平，使其面积为黄油的2倍，然后将黄油放在面片中间，用面片将其包住。

B) 一点点地将面片擀长，注意不要让黄油渗出来。

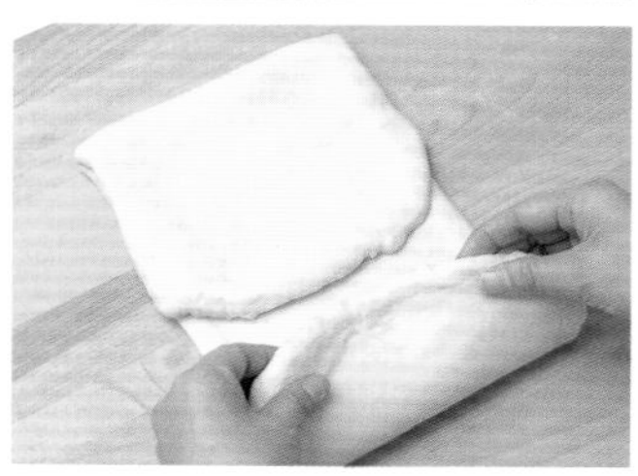

C) 将面片折3折并再次擀长，如此反复几次，制作出层次。

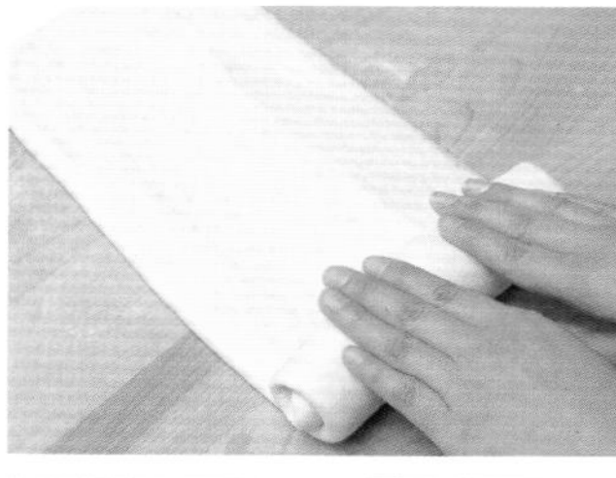

D) 如果制作750克面包，需要将面片擀成40厘米×30厘米，然后将擀好的面片卷起。

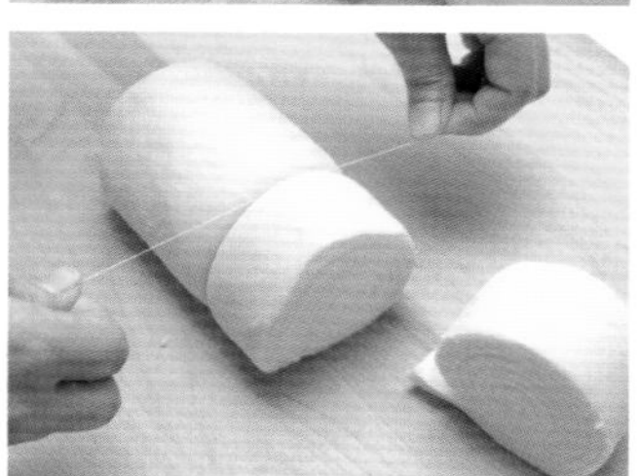

E) 用刀分割会破坏面团的形状，所以这里用棉线进行分割。如果制作750克的面包，需要将面团等分为6份。

F) 将分割好的面团挨个放入面包桶（取出搅拌刀），开始烘焙。

豆腐面包

tofu bread

用豆腐来做面包可能让人感到诧异，但是这种健康的美味是令人难以抗拒的。掺入豆腐后的面包柔软湿润，与日式小菜十分搭配。

原材料	500g	750g
高筋面粉	250g	375g
盐	4g	6g
干酵母	5g	7.5g
绵白糖	15g	23g
橄榄油	15ml	23ml
木棉豆腐	100g	150g
水	140ml	210ml

做法

1 轻轻地沥干豆腐中的水分。

2 将所有原材料依次放入面包桶，选择“普通面包制作程序”，启动开关，开始烘焙。

将豆腐沥干水分后使用。豆腐跟水一样，要先于其他原材料放入面包桶。

简易面包之

裙带菜面包

wakame bread

这款面包中加入了一种令人意想不到的健康食物——裙带菜，这也为面包带来了一种特殊的咸味。

原材料	500g	750g
高筋面粉	250g	375g
盐	6g	9g
干酵母	3g	4.5g
绵白糖	10g	15g
起酥油	20g	30g
水	180ml	270ml
干燥的裙带菜	15g	23g

干燥的裙带菜比较大，要么用刀将其切碎，要么隔着包装袋用擀面杖将其擀碎。

做法

1. 将除裙带菜之外的原材料依次放入面包桶，选择“普通面包制作程序”，启动开关。
2. 将裙带菜切碎。如果是袋装的裙带菜，可以隔着包装袋将其擀碎。
3. 预发酵完成后，将步骤 2 中的裙带菜倒入面包桶，开始烘焙。

简易面包之

羊栖菜面包

hijiki bread

天然而营养丰富的羊栖菜使这款面包很受欢迎。

原材料	500g	750g
高筋面粉	250g	375g
盐	6g	9g
干酵母	3g	4.5g
绵白糖	10g	15g
无盐黄油	15g	23g
水	180ml	270ml
干羊栖菜	6g	9g
胡萝卜	20g	30g

一定要事先将羊栖菜的水分沥干并将胡萝卜切成碎丁。

做法

1. 将除胡萝卜和干羊栖菜之外的原材料依次放入面包桶，选择“普通面包制作程序”，启动开关。
2. 将干羊栖菜用清水浸过后沥干待用。再将胡萝卜切成碎丁，用少量黄油（不计入用量）炒过后，放在一边晾凉。
3. 预发酵完成后，将步骤 2 中的配料倒入面包桶。

精致面包之

黑芝麻糊面包

black sesame paste bread

这款面包中同时加入了炒芝麻和芝麻糊，散发着双倍的芝麻香味。

原材料	500g	750g
高筋面粉	250g	375g
盐	4g	6g
干酵母	3g	4.5g
绵白糖	15g	23g
黑芝麻糊（无糖）	50g	75g
水	180ml	270ml
炒好的黑芝麻	30g	45g

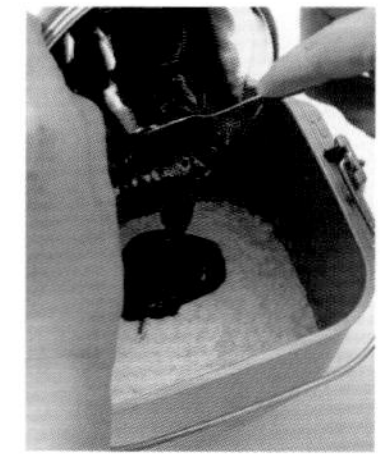

掺入了芝麻糊的面包出炉后黑黝黝的，可以算得上是一道独特的风景了。

做法

将所有原材料依次放入面包桶，选择“普通面包制作程序”，启动开关，进行烘焙。

精致面包之

芝麻面包

simple sesame bread

这款掺入了黑白两种芝麻的面包口感很好，咬下去唇齿留香。

原材料	500g	750g
高筋面粉	250g	375g
盐	3g	4.5g
干酵母	3g	4.5g
绵白糖	15g	23g
无盐黄油	30g	45g
脱脂牛奶	10g	15g
水	170ml	255ml
炒好的黑、白芝麻	各10g	各15g

配方中同时使用了黑白两种芝麻，只使用一种芝麻也可以。

做法

1 将除芝麻之外的原材料依次放入面包桶，选择“普通面包制作程序”，启动开关。

2 预发酵完成后，倒入芝麻。

精致面包之

抹茶面包

powdered green tea bread

这款面包完美地融合了抹茶、牛奶、黄油这三种味道，且它的色泽也颇具吸引力。

原材料	500g	750g
高筋面粉	250g	375g
盐	3g	4.5g
干酵母	3g	4.5g
绵白糖	30g	45g
无盐黄油	30g	45g
牛奶	160ml	240ml
抹茶	1 大勺	$1\frac{1}{2}$ 大勺
开水	2 大勺	3 大勺

用开水冲泡好的抹茶能够更好地融入面团中。

做法

1 用开水冲泡抹茶。

2 将所有原材料依次放入面包桶，选择“普通面包制作程序”，启动开关，开始烘焙。

简易面包之

茶叶面包

toasted tea bread

刚出炉的茶叶面包散发着浓郁的茶香味，尝起来还有茶叶特有的涩味。

原材料	500g	750g
高筋面粉	250g	375g
盐	3g	4.5g
干酵母	3g	4.5g
绵白糖	30g	45g
茶叶	2 大勺	3 大勺
开水	180ml	270ml

浓茶既可以为面包上色，又可以改善面包的味道。

做法

1 用开水将茶叶冲泡成浓茶，然后滤出茶叶，将茶水晾凉待用。

2 将所有原材料依次放入面包桶，选择“普通面包制作程序”，启动开关，开始烘焙。

柚子果酱面包

yuzu jam bread

柚子是秋季和冬季能够吃到的水果，它总会让人联想到那种寒冷而不失温暖的感觉。而使用柚子做成的果酱则加深了这份感觉，甜甜的、淡淡的，一如这款面包的味道。

原材料	500g	750g
高筋面粉	250g	375g
盐	4g	6g
干酵母	3g	4.5g
柚子果酱	50g	75g
起酥油	15g	23g
水	170ml	255ml

将所有原材料依次放入面包桶,选择"普通面包制作程序",启动开关，开始烘焙。

TIPS:
可以用橙子果酱来代替柚子果酱。

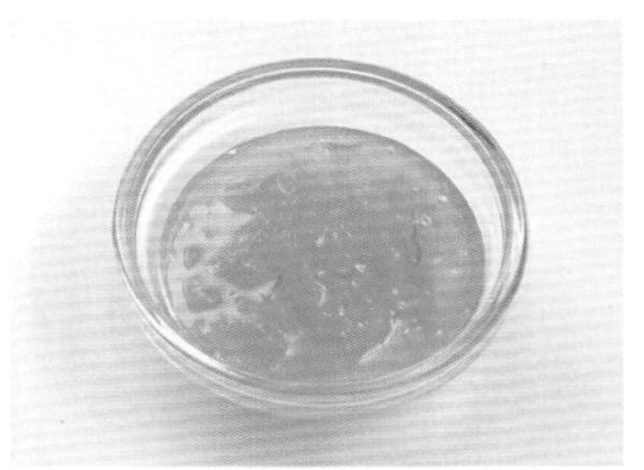

如果柚子果酱的含糖量较低，可能影响发酵，因此最好使用糖度在50度以上(非低糖型)的果酱。

甜面包之 草莓果酱面包

strawberry jam bread

一口咬下去，草莓的香味沁人心脾。这款面包掺入了大量草莓果酱，味道浓郁，可以单独食用，也可以搭配奶酪一起享用。

原材料	500g	750g
高筋面粉	250g	375g
盐	3g	4.5g
干酵母	3g	4.5g
绵白糖	10g	15g
无盐黄油	20g	30g
水	170ml	255ml
草莓果酱	60g	90g

做法

1 将除草莓果酱之外的所有原材料依次放入面包桶，选择“普通面包制作程序”，启动开关。

2 预发酵完成后，倒入草莓果酱（图A、B）。

A) 最好使用含有果肉的果酱。如果果酱甜度不够的话，会影响面团的发酵，因此最好使用糖度在50度以上（非低糖型）的果酱。

B) 预发酵完成后，倒入草莓果酱。

除了配方中提到的面包外，我们还可以使用以下面包：
奶油面包（第26页）
葡萄干面包（第96页）
菠萝面包（第99页）

经典法式煎面包片

将厚厚的面包片浸入蛋液和牛奶中，再用黄油煎至香脆。

* * *

原材料（参考分量：2人份）	
简易白面包（第15页）	1片（5cm厚）
A	
鸡蛋	2个
牛奶	200ml
绵白糖	20g
黄油	20g
枫糖浆	适量

做法

1. 将配料A搅拌后倒入托盘。
2. 将面包片切成两半，浸入牛奶和蛋液中，不时地上下左右翻动面包，让牛奶和蛋液充分渗透进去（图A）。
3. 在平底锅里放入适量黄油，将步骤2中的面包放入锅中，煎至每一面都焦黄香脆为止（图B）。
4. 将煎好的面包盛入盘中，淋上枫糖浆。

A）因为面包片较厚，所以需要不时地上下左右翻动面包，以便牛奶和蛋液能够充分渗透进去。

B）面包的每一面都需要煎至焦黄香脆，可以先煎一面，再煎另一面，如此依次进行。

法式煎面包片三明治

火腿奶酪夹心面包与经典法式煎面包片合二为一。

＊ ＊ ＊

原材料（参考分量：2人份）	
日常白面包（第18页）	4片（2cm厚）
火腿	4片
奶酪切片	4片
A	
鸡蛋	$^1/_2$个
牛奶	100ml
盐、胡椒粉	少量
黄油、橄榄油	适量

做法

1. 将配料A充分搅拌，然后倒入托盘。
2. 在面包片的单面涂上黄油，按每组2片放好。（图A）
3. 将未涂黄油的那一面向下放入步骤1中的托盘。将平底锅烧热，倒入适量橄榄油，把浸有牛奶和蛋液的那一面向下放入锅中煎，在涂有黄油的那一面放上2片火腿和奶酪。
4. 将另一片面包也按同样的方法处理，然后将其扣在平底锅中的另一片面包上（图B），将三明治的双面都煎至焦黄为止。

除了配方中提到的面包外，我们还可以使用以下面包：
法式面包（第24页）
菠菜面包（第64页）
大蒜香草面包（第76页）

A) 每个三明治包括2片面包、2片火腿和2片奶酪。

B) 在放第二片面包时，将涂有黄油的一面扣在奶酪上，将浸有牛奶和蛋液的一面露在外面。

炖菜焗面包

将面包与炖菜拌在一起做成的美味。

除了配方中提到的面包外，我们还可以使用以下面包：
法式面包（第24页）
酸面团黑麦面包（第28页）
罗勒奶酪面包（第77页）

原材料（参考分量：2人份）

星野天然酵母乡村面包（第48页）	2片（2cm厚）
番茄罐头	1罐（400g）
茄子	1个
柿子椒（红、黄）	各 $^1/_2$ 个
洋葱	$^1/_2$ 个
大蒜	1头
盐、胡椒粉	少量
迷迭香（生）	1根
橄榄油	1大勺
金枪鱼罐头	1小罐（85g）

做法

1 将茄子、柿子椒、洋葱切块，将大蒜拍碎。

2 向平底锅中倒入适量橄榄油，油热后翻炒大蒜，待香味出来后，依次放入茄子和柿子椒，继续翻炒。之后，将迷迭香和番茄（连汁）一起倒入锅中（图A），加水煮，最后放盐和胡椒粉调味。

3 将步骤2中炖好的菜装入焗盘，再将面包切成如图所示的块状，均匀地放入盘内的炖菜中（图B），最后放上金枪鱼。

4 将焗盘放入烤箱，烤至面包变色。

A) 为了使这道菜的颜色更加鲜艳，最好在炖菜中多放一些番茄。

B) 将面包均匀地放入炖菜中，以便让菜的味道能够充分渗入面包。

面包鸡蛋沙拉

在脆脆的面包块上淋上一层厚厚的酱汁。

＊ ＊ ＊

原材料（参考分量：2人份）	
汤种面包（第20页）	2片（1.5cm厚）
芝麻叶	4片
黄瓜	$^1/_2$根
洋葱	$^1/_8$个
生菜叶	3片
煮鸡蛋	2个
法式酱汁	4～5大勺
橄榄油	适量
盐、粗粒黑胡椒粉	少量

做法

1. 在面包片上涂上橄榄油，切成一口可以吃下的大小，放在烤箱里烘焙（图A）。
2. 将黄瓜和洋葱切成薄片，将生菜切成方便食用的大小，将芝麻叶切成3厘米左右的长条，然后一起放进碗中。
3. 将步骤1中烤好的面包放入步骤2的碗中，淋上法式酱汁（图B），搅拌均匀后装盘，放上切成两半的煮鸡蛋，最后撒上盐和胡椒粉。

除了配方中提到的面包外，我们还可以使用以下面包：
法式面包（第24页）
胡萝卜面包（第66页）
罗勒奶酪面包（第77页）

A）将涂有橄榄油的面包块放入烤箱烘焙，面包的形状越不规则就显得越可爱。

B）将法式酱汁淋在沙拉上，搅拌均匀，让酱汁的味道充分渗入蔬菜。

黄桃葡萄干面包布丁

散发着水果香气的面包布丁。

＊ ＊ ＊

原材料（参考分量：2人份）	
潘妮托尼粗糖面包（第57页）	1片（2～3cm厚）
黄桃（罐装）	2块
葡萄干	20g
绵白糖	20g
黄油	2小勺
A	
鸡蛋	1个
蛋黄	1个
牛奶	300ml
绵白糖	30g

做法

1 将带着面包皮的面包片切成3～4厘米见方的小块。

2 将黄桃沥干水分，切成和面包块大小差不多的小块。将葡萄干过一遍温水，沥干待用。

3 将步骤1的面包块和黄桃放入耐热器皿中（图A），将配料A搅拌均匀后缓缓地浇在面包上（图B），静置片刻，让它充分渗入面包。

4 撒上葡萄干和绵白糖，放上黄油。

5 将器皿放入烤箱烘焙15分钟左右，直至混合物变色为止。

除了配方中提到的面包外，我们还可以使用以下面包：
汤种面包（第20页）
酸奶面包（第27页）
椰蓉红茶面包（第70页）

A) 将黄桃和面包块交错地放入器皿中，使其分布均匀。

B) 将配料A搅拌均匀后缓缓地浇在面包上，让它充分渗入面包。

第4章 夹馅面包

这一章主要介绍了各种夹馅面包的做法，有经典的干果夹馅，还有豆类、蘑菇、水果、香肠、火腿……使用的材料不同，面包的味道也千差万别。为了能够充分释放这些配料的美味，我们需要把握将它们放入面包桶的时机。本章将为您详细介绍各种夹馅面包的做法。

甜面包之

苹果肉桂面包

apple&cinnamon bread

苹果酸甜的香味从面包内部散发出来，充满了整个面包。这款甜面包不仅是孩子的最爱，也深得大人的喜爱。

原材料	500g	750g
高筋面粉	250g	375g
盐	4g	6g
干酵母	3g	4.5g
绵白糖	25g	38g
无盐黄油	30g	45g
加水稀释后的蛋液	170ml	255ml
夹馅		
苹果	1/2 个	3/4 个
绵白糖	30g	45g
水	50ml	75ml
肉桂粉	适量	适量

做法

1 将苹果去皮后切成薄片，将其与做夹馅用的糖和水一起放入锅内，煮到水分全部蒸发为止（图 A）。

2 将除夹馅之外的原材料放入面包桶，选择菜单中的“普通面包制作程序”，启动开关。

3 初发酵完成后，取出面团，用擀面杖将其擀成 20 厘米 ×30 厘米的面片，铺上步骤 1 中的苹果（图 B）。将面片左边的部分向中间折叠，在折起的部分上铺上苹果（图 C），再将右边的部分同样向中间折叠。

4 在折好的面片上再次铺上苹果，然后将面片卷成面团（图 D）。

5 卷好后，取下面包桶内的搅拌刀，将面团放回面包桶（图 E），进行醒发和烘焙。

TIPS:
关于取放面团的时机请参照第8页的说明。

A) 用文火慢慢熬煮苹果，注意不要煮焦了。最好使用红玉苹果或富士苹果。

B) 在擀好的面片上铺上煮好的苹果。

C) 先将面片左边的部分向中间折叠，铺上苹果。

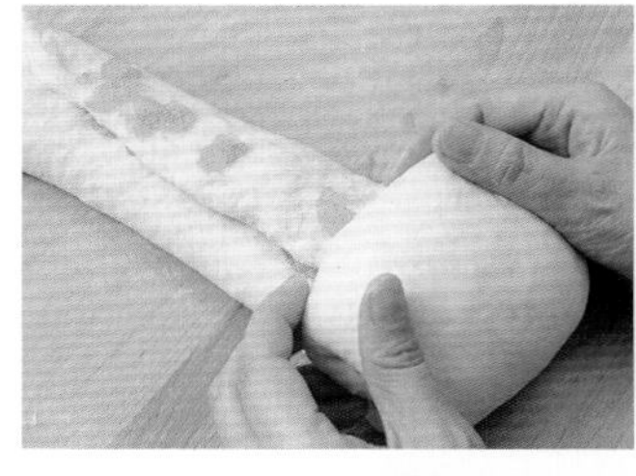

D) 再将面片右边的部分向中间折叠，铺上苹果。然后将面片紧紧地卷起，不要让面团之间留有空隙。

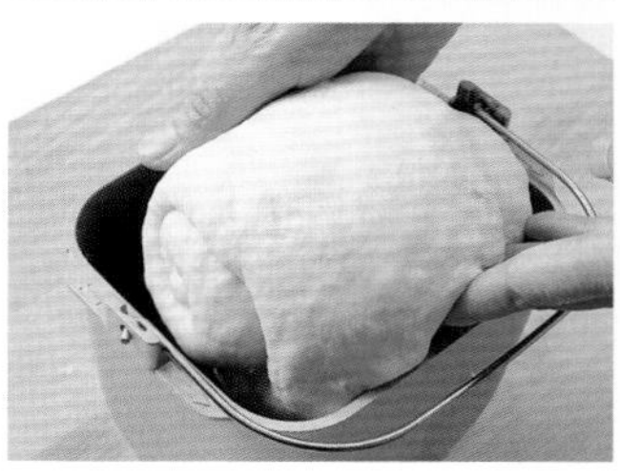

E) 卷好后，将面团接缝处朝下放回面包桶中。

肉桂粉是用干燥的肉桂皮磨成的粉末，它的味道跟苹果的味道很搭配。

香蕉枫糖面包

banana&maple syrup bread

枫糖浆配上面包就是一道美味！加入的香蕉和核桃能够更好地突显糖浆的香甜，使面包口感温和，味道自然。

原材料	500g	750g
高筋面粉	250g	375g
盐	4g	6g
干酵母	3g	4.5g
枫糖浆	30g	45g
无盐黄油	30g	45g
牛奶	40ml	60ml
水	70ml	105ml
香蕉	120g	180g
核桃	50g	75g

1 将除香蕉和核桃（图 A ）之外的原材料放入面包桶，选择“普通面包制作程序”，启动开关。

2 将香蕉去皮，用叉子将其碾成糊状。将核桃放在预热到 180℃的烤箱中烘焙 5 分钟，然后取出晾凉。

3 初发酵完成后，取出面团，用擀面杖将其擀成 20 厘米 ×30 厘米的面片，铺上步骤 2 中的香蕉糊（图 B ），再撒上核桃（图 C ）。之后，将左边的部分向中间折叠，在折起的部分上铺上香蕉糊，撒上核桃，再将右边的部分折起。

4 在右边折起的部分上也铺上香蕉糊，撒上核桃，然后将面片卷成面团。

5 卷好后，取下面包桶内的搅拌刀，将面团放回面包桶，进行醒发和烘焙。

TIPS:
关于取放面团的时机请参照第8页的说明。

A) 在烘焙中，香蕉与核桃是相得益彰的组合。

B) 用叉子将香蕉碾成糊状，但还要让其保持一定的硬度，将其铺在擀好的面片上。

C) 在香蕉上面撒上一层核桃。核桃需要事先放入烤箱进行短时间的烘焙，让香气充分散发。

枫糖浆是由糖枫树的提取液熬煮而成的，味道香甜。

面团中用到的黄油一般是不含盐分的无盐黄油。盐会增加面粉蛋白质的黏性和弹性，也能够调节发酵时间，对烘焙的影响很大，因此我们建议使用无盐黄油。在往面团里放黄油的时候，我们需要以“克”为单位对其进行精确称量。一次用不完的黄油可以装在保鲜袋中，放入冰箱保存，这样可以防止黄油变质。我们也可以事先称好黄油，将其分成若干份，再放入冰箱保存。

甜面包之

葡萄干面包

mix raisin bread

这款面包中添加了三种味道、颜色各不相同的葡萄干，味道酸酸甜甜，营养非常丰富。它既可以放入烤箱稍微烤脆后食用，也可以直接配上奶茶食用。

原材料	500g	750g
高筋面粉	250g	375g
盐	3g	4.5g
干酵母	3g	4.5g
绵白糖	30g	45g
鸡蛋（中）	1个（50g）	$1^{1}/_{2}$个（75g）
无盐黄油	30g	45g
牛奶	130ml	195ml
葡萄干	40g	60g
土耳其葡萄干	50g	75g
山葡萄干	50g	75g

做法

1 将三种葡萄干（图A）混合在一起，放入温水中浸泡片刻，捞起之后，用纸巾将水分充分吸干。

2 将除步骤1之外的原材料依次放入面包桶，选择“普通面包制作程序”，启动开关。

3 预发酵完成3分钟后，将步骤1中的葡萄干倒入面包桶（图B）。

A）图中为普通葡萄干、颜色比较淡的土耳其葡萄干和颗粒偏小的山葡萄干，将它们混合使用可以增加面包的香味和甜味。

B）浸过温水的葡萄干需要用纸巾充分吸干水分后再倒入面包桶。

甜面包之 蔓越莓面包

cranberry bread

白色的面包心与红色的蔓越莓形成了强烈的对比，这种色泽反差为面包带来了独特的美感。不仅在视觉上引人注目，这款面包在味道上也是无可挑剔的。

原材料	500g	750g
高筋面粉	250g	375g
盐	3g	4.5g
干酵母	3g	4.5g
绵白糖	20g	30g
无盐黄油	20g	30g
水	180ml	270ml
蔓越莓干	50g	75g

做法

1 将除蔓越莓干（图A）之外的原材料依次放入面包桶，选择“普通面包制作程序”，启动开关。

2 预发酵完成后，将蔓越莓干直接倒入面包桶（图B）。

A）蔓越莓味道酸甜，色泽美丽，蔓越莓干经常被用来制作各种点心和面包。

B）蔓越莓干不需要事先在水中浸泡，预发酵完成后，可以直接将其倒入面包桶中。

杏干全麦面包

apricot graham bread

这款面包充满了全麦面粉醇厚的香味和杏干的酸味。

原材料	500g	750g
高筋面粉	200g	300g
全麦面粉	50g	75g
盐	4g	6g
干酵母	3g	4.5g
绵白糖	15g	23g
起酥油	15g	23g
水	170ml	255ml
杏干	50g	75g

杏干比较大，所以在使用时最好将其切成两半。它的味道与全麦面粉很搭配。

1 将除杏干之外的原材料依次放入面包桶，选择“普通面包制作程序”，启动开关。

2 将杏干从中间切成两半。

3 预发酵完成后，将步骤 2 中的杏干放入面包桶。

甜面包之

无花果黑麦面包

rye bread with fig

无花果干给面包带来了浓浓的甜味。

原材料	500g	750g
高筋面粉	200g	300g
黑麦面粉	50g	75g
盐	4g	6g
干酵母	3g	4.5g
绵白糖	15g	23g
起酥油	15g	23g
水	160ml	240ml
无花果干	50g	75g

少量黑麦面粉能给面包带来淡淡的酸味，还能增加面包的厚重感。

1 将除无花果干之外的原材料依次放入面包桶，选择“普通面包制作程序”，启动开关。

2 将无花果干从中间切成两半。

3 预发酵完成后，将步骤 2 中的无花果干放入面包桶。

西梅面包

prune bread

这款面包中掺入了大量营养丰富的西梅。

原材料	500g	750g
高筋面粉	250g	375g
盐	4g	6g
干酵母	3g	4.5g
绵白糖	20g	30g
无盐黄油	30g	45g
脱脂牛奶	10g	15g
鸡蛋（中）	1/2 个（25g）	3/4 个（38g）
水	150ml	225ml
西梅干	70g	105g

使用去核的西梅干。如果西梅干偏大的话，可以将1块西梅干切成4块使用。

做法

1 将除西梅干之外的原材料依次放入面包桶，选择“普通面包制作程序”，启动开关。

2 将西梅干从中间切成两半。

3 预发酵完成后，将步骤2的西梅干倒入面包桶。

菠萝面包

pineapple bread

迷迭香可以突显出菠萝醇厚的味道。

原材料	500g	750g
高筋面粉	250g	375g
盐	3g	4.5g
干酵母	3g	4.5g
绵白糖	20g	30g
橄榄油	10ml	15ml
水	170ml	255ml
菠萝干	100g	150g
迷迭香（生）	1/2 根	3/4 根

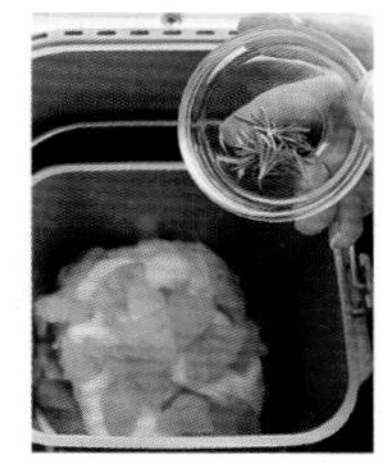

菠萝干可以直接放入，迷迭香需要用手掰成小段后放入。

做法

1 将除菠萝干和迷迭香之外的原材料依次放入面包桶，选择“普通面包制作程序”，启动开关。

2 预发酵完成3分钟后，将菠萝干和迷迭香倒入面包桶。

巧克力肉桂卷

cinnamon&chocolate rollbread

在掺入咖啡的面包里进一步放入肉桂粉和巧克力。咖啡的苦涩配上巧克力的香甜，使这款面包成了人们的最爱。

原材料	500g	750g
高筋面粉	250g	375g
盐	4g	6g
干酵母	3g	4.5g
绵白糖	20g	30g
无盐黄油	30g	45g
脱脂牛奶	10g	15g
水	170ml	255ml
速溶咖啡粉	10g	15g
夹馅		
肉桂粉	4g	6g
砂糖	30g	45g
巧克力屑	50g	75g

★关于取放面团的时机请参照第8页的说明。

1 将除夹馅之外的原材料依次放入面包桶，选择"普通面包制作程序"，启动开关。

2 将肉桂粉和砂糖搅拌均匀。

3 初发酵完成后，取出面团。用擀面杖将其擀成 12 厘米 ×40 厘米的面片，先撒上步骤 2 的混合物，再撒上巧克力屑，然后从两端缓缓地向中间卷起（图 A）。

4 之后，取下面包桶内的搅拌刀，将整形好的面团放入面包桶（图 B），开始醒发和烘焙。

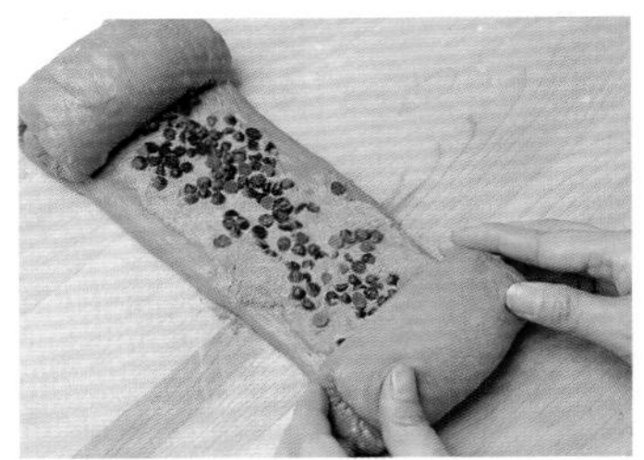

A) 将面团擀成面片，依次撒上步骤 2 的混合物和巧克力片，然后从两端向中间卷起，形成图 B 的样子。

B) 取下面包桶内的搅拌刀，将整形好的面团放入面包桶，开始醒发和烘焙。

蓝莓面包

blueberry bread

在掺有蓝莓果酱的面包中再涂上一层厚厚的蓝莓果酱，更能突显出面包酸酸甜甜的味道。

原材料	500g	750g
高筋面粉	250g	375g
盐	4g	6g
干酵母	3g	4.5g
绵白糖	15g	23g
无盐黄油	20g	30g
蓝莓果酱（和面用）	20g	30g
水	160ml	240ml
蓝莓果酱（夹馅用）	50g	75g

1 将除夹馅用的蓝莓果酱以外的原材料依次放入面包桶，选择“普通面包制作程序”，启动开关。

2 初发酵完成后，取出面团，用擀面杖将其擀成20厘米 ×30厘米的长方形面片，让短边与自己平行。在面片中间的$^{1}/_{3}$位置上涂一层蓝莓果酱（图B）；再将右边的$^{1}/_{3}$部分折起，在折起的部位上涂上果酱；然后再折左边的部分，最后将面片卷起。

3 之后，取下面包桶内的搅拌刀，将面团放回面包桶，开始醒发和烘焙。

★关于取放面团的时机请参照第8页的说明。

蓝莓果酱第一次是在和面时加入，第二次是作为夹馅加入。两次重复使用，能够增加面包的蓝莓味。

B

初发酵完成后，取出面团，涂上几层蓝莓果酱。这一步虽然有些费事，但能做出成品面包中漂亮的果酱夹层。

甜面包之

葡萄酒果干面包

red wine&berry bread

葡萄酒为面包增添了几分知性和多情。在这种浪漫的酒香中再点缀些果干，能够营造出一种雅致的氛围。

原材料	500g	750g
高筋面粉	250g	375g
盐	4g	6g
干酵母	4g	6g
绵白糖	20g	30g
无盐黄油	25g	38g
葡萄酒	100ml	150ml
水（与葡萄酒加起来的合计用量）	170ml	255ml
果干		
越橘干	30g	45g
蓝莓干	30g	45g
葡萄干	30g	45g

TIPS:

若将果干放在葡萄酒中浸泡一个晚上再使用的话，果干的味道会更好，在使用前需要将其中的水分吸干。制作500克面包使用的果干以90克为宜，制作750克面包使用的果干则以135克为宜，以此类推。

A)

为了使面包的颜色更好看，最好使用多元酚含量较高的葡萄酒。

B)

蓝莓干可以在一些点心店买到，其味道和颜色都很好，是制作面包和点心的常见配料。

做法

1. 将葡萄酒（图 A）倒入锅中煮沸，待其冷却后用水稀释并称重。
2. 将除果干以外的原材料依次放入面包桶，选择“普通面包制作程序”，启动开关。
3. 预发酵完成后，将果干倒入面包桶。

甜面包之

红糖葡萄干面包

raisin bread with brown sugar

红糖具有浓郁的香味和甜味，与葡萄干十分搭配。这款面包很像小点心，和日本茶搭配食用会别有一番风味。

原材料	500g	750g
高筋面粉	250g	375g
盐	3g	4.5g
干酵母	3g	4.5g
红糖（粉末）	30g	45g
焦糖糖浆	30g	45g
无盐黄油	20g	30g
鸡蛋（中）	1个（50g）	$1\frac{1}{2}$个（75g）
牛奶	130ml	195ml
葡萄干	70g	105g

做法

1 先将葡萄干浸泡在温水中，然后用纸巾吸干葡萄干中的水分。

2 将除葡萄干以外的原材料依次放入面包桶（图A），选择"普通面包制作程序"，启动开关。

3 预发酵完成3分钟后，将葡萄干倒入面包桶（图B）。

A）左边为粉末状的红糖，右边为焦糖糖浆。后者主要用来给面团上色，市面上能够买到。

B）将葡萄干在预发酵完成3分钟后倒入，以免葡萄干在烘焙中变形。

花生面包

peanut bread

这款面包同时用到了花生与花生酱，放入烤箱烘焙后，味道更加醇厚、香浓！

原材料	500g	750g
高筋面粉	250g	375g
盐	3g	4.5g
干酵母	3g	4.5g
粗糖	30g	45g
花生酱（粗粒、无糖）	50g	75g
花生	50g	75g
牛奶	170ml	255ml

做法

1 将除花生以外的原材料依次放入面包桶，选择“普通面包制作程序”，启动开关。

2 预发酵完成后，将花生倒入面包桶（图**B**）。

A）左边为粗粒、无糖花生酱，右边为花生（使用前需将花生切碎），这款面包中同时用到了两种花生制品。

B）在预发酵完成后倒入花生，可以保持花生本身的口感。

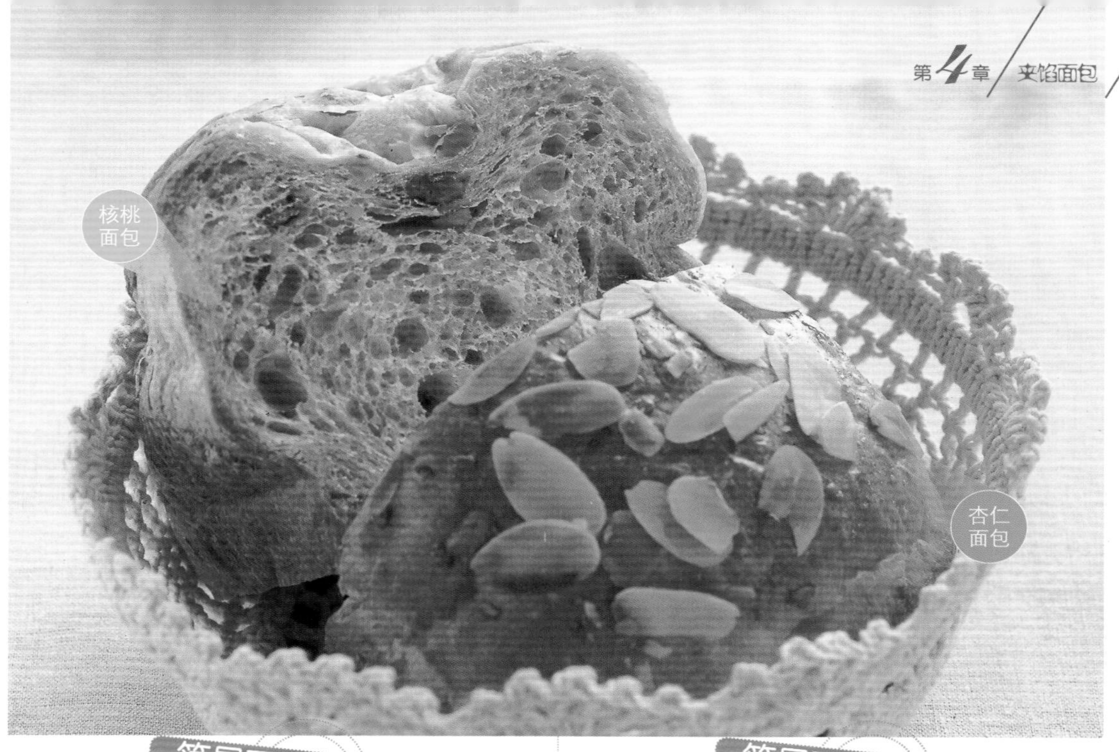

简易面包之

核桃面包

walnut bread

核桃不仅香脆可口，而且营养价值很高。它是一种常见的保健食品，拥有很高的人气。

原材料	500g	750g
高筋面粉	200g	300g
全麦面粉	50g	75g
盐	4g	6g
干酵母	3g	4.5g
绵白糖	15g	23g
无盐黄油	20g	30g
脱脂牛奶	10g	15g
水	170ml	255ml
核桃	50g	75g

经过烘烤后的核桃香味会更浓。为了方便使用，可以将完整的核桃从中间切成两半。

做法

1 将除核桃以外的原材料依次放入面包桶，选择“普通面包制作程序”，启动开关。

2 将核桃放入预热到 180℃的烤箱内烘烤约 5 分钟，取出冷却后，将其切成两半。

3 预发酵完成后，放入核桃。

简易面包之

杏仁面包

almond bread

杏仁口感香脆，营养味美，颇受人们喜爱。

原材料	500g	750g
高筋面粉	250g	375g
盐	4g	6g
干酵母	3g	4.5g
绵白糖	15g	23g
无盐黄油	15g	23g
牛奶	170ml	255ml
杏仁片	50g	75g
杏仁片、蛋清（装饰用）适量		

杏仁片需要事先放入烤箱中烘烤，然后使用。

做法

1 将除杏仁片和装饰以外的原材料依次放入面包桶，选择“普通面包制作程序”，启动开关。

2 将杏仁片放入预热到 180℃的烤箱内烘烤5分钟。

3 预发酵完成后，放入步骤 2 的杏仁片。

4 在开始烘焙的 10 分钟之前（启动开关后约 3 小时），在面团上刷蛋清，并撒上装饰用的杏仁片，然后开始烘焙。

蜂蜜燕麦片面包

honey&oatmeal bread

这款面包散发着杂粮特有的香味，既健康又好吃。此外，蜂蜜和橄榄油让面包的口感更加顺滑！

原材料	500g	750g
高筋面粉	250g	375g
盐	3g	4.5g
干酵母	3g	4.5g
蜂蜜	40g	60g
橄榄油	10ml	15ml
牛奶	170ml	255ml
燕麦片	40g	60g

将所有原材料依次放入面包桶（图A、B），选择“普通面包制作程序”，启动开关，开始烘焙。

A）燕麦片的经典吃法是先倒入热牛奶，再滴入几滴蜂蜜，它跟牛奶和蜂蜜都是好搭档。

B）燕麦片无需事先经水浸泡，可以和其他原材料一起放入面包桶。

甜面包之

格兰诺拉麦片面包

fruits&granola bread

格兰诺拉麦片是常见的早餐营养食品，由谷物和果干混合而成。它也可以用于制作面包，谷物和果干的味道能够很好地融入面包中，不过在使用之前需要将其碾碎。

原材料	500g	750g
高筋面粉	200g	300g
全麦面粉	50g	75g
盐	3g	4.5g
干酵母	3g	4.5g
绵白糖	30g	45g
橄榄油	10ml	15ml
水	170ml	255ml
格兰诺拉麦片	50g	75g

做法

1 将格兰诺拉麦片装进保鲜袋中，用擀面杖隔着袋子将其擀碎（图A、B）。

2 将除格兰诺拉麦片以外的原材料依次放入面包桶，选择“普通面包制作程序”，启动开关。

3 预发酵完成后，放入格兰诺拉麦片。

A) 格兰诺拉麦片是由谷物和果干混合而成的。

B) 如果将格兰诺拉麦片直接放入面包桶的话，会破坏面包的外形，因此在使用前要将其擀碎。

甜面包之

红薯黑芝麻面包

sweet potato&black sesame bread

质朴的红薯配上香浓的黑芝麻——这是一款让人怀旧的面包。

原材料	500g	750g
高筋面粉	250g	375g
盐	5g	7.5g
干酵母	3g	4.5g
绵白糖	20g	30g
无盐黄油	20g	30g
熟黑芝麻	2 大勺	3 大勺
水	170ml	255ml
A		
红薯（净重）	200g	300g
绵白糖	2 大勺	3 大勺

做法

1. 将红薯洗净后，连皮切成 2 厘米见方的小块，放入锅中，加入糖和 200 毫升水一起煮。煮好后在锅中晾凉（图 A），然后捞出红薯块，用纸巾吸去其中的水分。
2. 将除红薯块以外的原材料依次放入面包桶，选择“普通面包制作程序”，启动开关。
3. 预发酵完成 3 分钟后，放入红薯块。

A) 让煮好的红薯块在锅中晾凉，以便糖分能够更好地渗入红薯。

B) 在预发酵完成 3 分钟后倒入红薯块，以免红薯块在烘焙中被弄碎。

香肠欧芹面包

sausage&parsley bread

香肠不仅好吃，而且还能够让面包心看上去更加充实。这款面包既可以当做早餐，也可以做成烤面包片，当成小菜食用。

原材料	500g	750g
高筋面粉	250g	375g
盐	5g	7.5g
干酵母	5g	7.5g
绵白糖	10g	15g
橄榄油	10ml	15ml
水	170ml	255ml
小香肠	160g	240g
干欧芹	1 大勺	$1^1/_2$ 大勺

1. 将小香肠一分为二（图 A）。
2. 将除香肠以外的原材料依次放入面包桶，选择“普通面包制作程序”，启动开关。
3. 在预发酵完成 3 分钟后，放入香肠（图 B）。

A）为了使香肠在面包中分布均匀，可以将香肠从中间切成两半。

B）在预发酵完成3分钟后放入香肠，以免其在烘焙中被弄碎。

咸面包之

番茄干罗勒面包

dried tomato&basil bread

这款面包浓缩了意大利经典食材的美味。

原材料	500g	750g
高筋面粉	250g	375g
盐	4g	6g
干酵母	3g	4.5g
绵白糖	10g	15g
无盐黄油	10g	15g
水	175ml	265ml
番茄干	10g	15g
干罗勒	1 小勺	$1\frac{1}{2}$ 小勺

番茄干是脱水后的番茄，它比番茄的味道更加浓郁，因此适合用来做面包。这里使用的罗勒也是脱水后的干罗勒。

1 将除番茄干以外的原材料依次放入面包桶，选择“普通面包制作程序”，启动开关。

2 将番茄干先在温水中浸泡约 10 分钟，然后切碎并沥干水分。

3 预发酵完成后，将番茄干和干罗勒放入面包桶。

咸面包之

红辣椒玉米面包

red pimento&corn bread

这款面包并不苦，而且色彩也很活泼。

原材料	500g	750g
高筋面粉	250g	375g
盐	4g	6g
干酵母	3g	4.5g
绵白糖	10g	15g
起酥油	20g	30g
水	170ml	255ml
红辣椒（中）	$\frac{1}{2}$ 个	$\frac{3}{4}$ 个
玉米罐头	50g	75g

红辣椒和青辣椒差不多大，烘焙时最好使用肉较厚的柿子椒。

1 将除红辣椒和玉米以外的原材料依次放入面包桶，选择“普通面包制作程序”，启动开关。

2 将红辣椒切成碎丁，用纸巾吸干玉米中的水分。

3 预发酵完成后，倒入红辣椒和玉米。

咸面包之

咖喱培根洋葱面包

curry bacon&onion bread

咖喱粉为面包增添了香味，而培根和洋葱则使面包的味道更加丰富。

原材料	500g	750g
高筋面粉	250g	375g
盐	4g	6g
干酵母	3g	4.5g
绵白糖	10g	15g
无盐黄油	20g	30g
脱脂牛奶	10g	15g
水	175ml	263ml
咖喱粉	3g	4.5g
培根	50g	75g
洋葱	50g	75g

做法

1 将除培根和洋葱以外的原材料依次放入面包桶，选择"普通面包制作程序"，启动开关。

2 将培根切成 1 厘米厚的片，将洋葱切成碎丁（图 **B**）。在锅中放色拉油，将培根和洋葱煎熟后晾凉，再用纸巾吸去多余的油。

3 预发酵完成后，倒入煎熟的培根和洋葱。

A)

在和面时加入适量咖喱粉，可以改善面包的味道。

B)

将培根切成 1 厘米厚的片，将洋葱切成碎丁，放在锅中煎熟。培根在使用前需要用纸巾吸去多余的油。

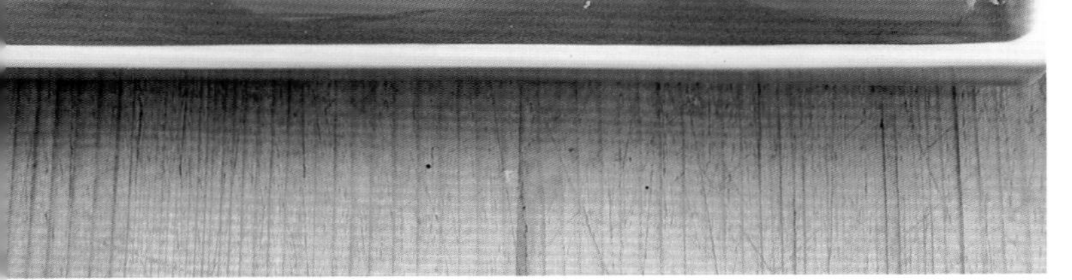

橄榄鳀鱼面包

black olive&anchovy bread

橄榄和鳀鱼都带有咸味，因此这款面包既可以搭配葡萄酒和啤酒食用，也可以用来制作奶酪三明治。

原材料	500g	750g
高筋面粉	250g	375g
盐	3g	4.5g
干酵母	3g	4.5g
绵白糖	10g	15g
橄榄油	10ml	15ml
水	170ml	255ml
黑橄榄（去核）	100g	150g
鳀鱼	20g	30g

1. 将除黑橄榄和鳀鱼以外的原材料依次放入面包桶，选择“普通面包制作程序”，启动开关。
2. 预发酵完成后，倒入黑橄榄（图A）和鳀鱼（图B）。

A) 黑橄榄是一种营养丰富的食品，这里使用的是用盐水浸泡过的黑橄榄。

B) 在预发酵完成后，可以直接倒入黑橄榄和鳀鱼。

咸面包之

火腿泡菜面包

ham & pickles bread

添加了火腿和泡菜的面包味道会比较特别，如果铺上一层奶酪放入烤箱烘烤的话，它的味道就更好了。

原材料	500g	750g
高筋面粉	250g	375g
盐	5g	7.5g
干酵母	3g	4.5g
绵白糖	20g	30g
橄榄油	20ml	30ml
水	170ml	255ml
火腿	60g	90g
泡菜	30g	45g

做法

1 将火腿切成1厘米见方的小丁，将泡菜切成碎丁（图**A**）。

2 将除火腿和泡菜之外的原材料依次放入面包桶，选择“普通面包制作程序”，启动开关。

3 在预发酵完成3分钟后，加入步骤**1**中的火腿和泡菜（图**B**）。

A）火腿和泡菜的用量要足，这样面包的味道才会丰富。

B）在预发酵完成3分钟后放入火腿和泡菜，以免它们在烘焙中被弄碎。

黑豆面包

black soybean bread

将百吃不厌的黑豆加进面包里吧！

原材料	500g	750g
高筋面粉	250g	375g
盐	4g	6g
干酵母	3g	4.5g
绵白糖	15g	23g
起酥油	20g	30g
脱脂牛奶	10g	15g
水	170ml	255ml
黑豆（水煮）	60g	90g

因为煮熟后的黑豆很容易碎，所以也可以在初发酵之后再加入黑豆（参照第 92 页的步骤 3 ~ 5）。

1 将除黑豆之外的原材料依次放入面包桶，选择“普通面包制作程序”，启动开关。
2 将黑豆（图）中的水分沥干。
3 预发酵完成后，倒入黑豆。

黄豆面包

soybean&soybean flour soymilk bread

这款面包用到了三种健康的黄豆食材。

原材料	500g	750g
高筋面粉	220g	330g
盐	5g	7.5g
干酵母	4g	6g
绵白糖	20g	30g
起酥油	20g	30g
豆浆	90ml	135ml
水	100ml	150ml
黄豆粉	30g	45g
黄豆（水煮）	50g	75g

使用黄豆、黄豆粉、豆浆做成的面包健康而味美。

1 将除黄豆之外的原材料依次放入面包桶，选择“普通面包制作程序”，启动开关。
2 将黄豆（图）中的水分沥干。
3 预发酵完成后，倒入黄豆。

咸面包之

青豆面包

green soybeans bread

这款面包中添加了大量的青豆，一口咬下去，阵阵豆香扑鼻而来，非常好吃！

原材料	500g	750g
高筋面粉	250g	375g
盐	5g	7.5g
干酵母	3g	4.5g
绵白糖	10g	15g
无盐黄油	20g	30g
水	180ml	270ml
青豆（冷冻）	150g	225g

做法

1. 先将青豆解冻（图A），然后将豆子剥出。
2. 将除青豆之外的原材料依次放入面包桶，选择"普通面包制作程序"，启动开关。
3. 预发酵完成后，倒入青豆。

A）将冷冻的青豆放进面粉筛中（如图），浇上热水，让其慢慢解冻。即使豆子稍微有些硬，也不影响使用。

B）青豆比较结实，所以即使在预发酵完成后放入，它也不会在烘焙中被挤碎。

甜纳豆面包

sugared beans bread

加入多种甜纳豆，感受它们之间的细微差别，做一款甜甜的面包吧。

原材料	500g	750g
高筋面粉	250g	375g
盐	3g	4.5g
干酵母	3g	4.5g
绵白糖	20g	30g
无盐黄油	30g	45g
鸡蛋（中）	1个（50g）	$1^1/_2$个（75g）
牛奶	130ml	195ml
甜纳豆	60g	90g

1 将除甜纳豆之外的原材料依次放入面包桶，选择“普通面包制作程序”，启动开关。

2 在预发酵完成3分钟之后，倒入甜纳豆（图A、B）。

A) 这里使用的甜纳豆有红色、褐色、绿色三种颜色，也可以单独使用其中一种或是其他颜色的组合。

B) 在预发酵完成3分钟后倒入甜纳豆，以免甜纳豆在烘焙中被挤碎。

甜面包之

甜栗面包

sweet roasted chestnuts bread

直接使用剥了皮的甜栗子可以大大降低操作难度，加入一些红糖能够改善面包的味道和色泽。烘焙之后，栗子的味道会更加浓郁。

原材料	500g	750g
高筋面粉	250g	375g
盐	3g	4.5g
干酵母	3g	4.5g
红糖（粉末）	50g	75g
鸡蛋（中）	1个（50g）	$1\frac{1}{2}$个（75g）
牛奶	130ml	195ml
甜栗子（去皮）	70g	105g

做法

1 将除甜栗子（图A）之外的原材料依次放入面包桶,选择“普通面包制作程序”，启动开关。

2 在预发酵完成3分钟后，倒入甜栗子（图B）。

A) 使用真空包装的甜栗子可以简化制作过程。

B) 在预发酵完成3分钟后倒入甜栗子，以免甜栗子在烘焙中被挤碎。

南瓜子面包

pumpkin seed bread

这款面包在和面和装饰上同时用到了南瓜子，烘焙后十分香脆可口。

原材料	500g	750g
高筋面粉	200g	300g
全麦粉	50g	75g
盐	3g	4.5g
干酵母	3g	4.5g
粗糖	30g	45g
水	170ml	255ml
南瓜子（和面用）	80g	120g
装饰		
南瓜子	适量	适量
蛋清	适量	适量

1 将除南瓜子（图A）之外的原材料依次放入面包桶，选择“普通面包制作程序”，启动开关。

2 预发酵完成后，倒入和面需要用到的南瓜子（图B）。

3 在开始烘焙的10分钟之前（启动开关约3小时后），在面团上刷蛋液，并在顶部撒上装饰用的南瓜子，进行烘焙。

A）这里用的是炒熟了的南瓜子，可以从市面上买到。

B）预发酵完成后，倒入南瓜子。

简易面包之
松子枸杞面包
pine nut&chinese wolfberry bread

掺入了这两种配料的面包颜色柔和漂亮。松子天然的香味配上枸杞子淡淡的酸味，使这款面包大受欢迎。

原材料	500g	750g
高筋面粉	250g	375g
盐	3g	4.5g
干酵母	3g	4.5g
绵白糖	20g	30g
水	180ml	270ml
松子	50g	75g
枸杞子	50g	75g

1 将除松子和枸杞子（图A）之外的原材料依次放入面包桶，选择“普通面包制作程序”，启动开关。
2 预发酵完成后，倒入松子和枸杞子。

A) 枸杞子既可以用来做菜，也可以入药，它的味道酸酸甜甜，也很适合做面包。

B) 预发酵完成后，倒入松子和枸杞子。

甜面包干

巧克力搭配橙子果酱与肉桂粉搭配砂糖。

原材料（参考分量：2人份）	
简易白面包（第15页）	2片（1cm厚）
A	
黄油	1大勺
肉桂粉	$^{1}/_{4}$小勺
砂糖	2小勺
B	
巧克力	20g
橙子果酱	2小勺

做法

1. 将其中一片面包切成6个三角形的小块，将另一片切成6个长方形的小块，然后一起放入烤箱中低温烘焙（图A）。
2. 在长方形面包块上涂黄油，然后撒上拌匀的肉桂粉和砂糖。
3. 把配料B的巧克力放入微波炉加热20～30秒，待巧克力熔化后，将其涂在三角形面包块上（图B），再放上橙子果酱。
4. 将步骤2和步骤3中装饰完的面包块再次放入烤箱，低温烘焙3～4分钟。

A) 面包块需要提前放入烤箱低温烘焙3～4分钟，使其表面的水分全部蒸发，口感松脆。

B) 在三角形面包块的一面涂上熔化了的巧克力。

咸面包干

咸面包干可以搭配葡萄酒和啤酒食用。

＊ ＊ ＊

原材料（参考分量：2人份）	
简易白面包（第15页）	2片（1cm厚）
A	
橄榄油	2大勺
奶酪粉	1大勺
B	
橄榄油	2大勺
香草	1大勺
盐	少量

做法

1 将面包片等分为8块，放入烤箱低温烘焙。

2 取出其中的4块，在上面涂上配料A中的橄榄油，再撒上奶酪粉（图A）。

3 在剩下的4块上涂上配料B中的橄榄油，再撒上香草（图B）和盐。

4 将步骤2和步骤3中装饰好的面包块再次放入烤箱，低温烘焙3～4分钟（图C）。

除了配方中提到的面包外，我们还可以使用以下面包：
日常白面包（第18页）
姜黄面包（第75页）
黑胡椒面包（第75页）

A）奶酪粉的咸味和甜味均很明显，也可以根据个人口味在奶酪粉中加入一些黑胡椒。

B）最好用意大利香草，也可以用罗勒和牛至的混合物。

C）将装饰好的面包块放入烤箱，低温烘焙3～4分钟，使其表面的水分全部蒸发，口感松脆。

南瓜浓汤面包块

南瓜汤的醇厚和面包块的香脆相得益彰。

* * *

原材料（参考分量：2 人份）

简易白面包（第 15 页）	1 片（2cm 厚）
橄榄油	1 大勺
盐	少量
浓汤	
土豆	1 个
洋葱	$^1/_2$ 个
南瓜	$^1/_4$ 个
牛奶	100ml
汤料（颗粒）	1 小勺
橄榄油、盐、胡椒粉	适量

做法

1. 将洗净的土豆、洋葱和去皮的南瓜切成薄片，一起倒入放了橄榄油的锅中，然后加入汤料和 200 毫升水，煮到蔬菜变软为止。
2. 将步骤 1 的混合物放在食品加工机中打成糊状，再放回锅中，加入牛奶，加热后撒上盐和胡椒粉，浓汤就做好了。
3. 将面包切成 2 厘米见方的面包块（图 A），放进热油锅里煎至变色，然后撒上少量盐（图 B）。
4. 将浓汤盛出来，在中间放上煎过的面包块（要让面包块浮在浓汤表面）。

除了配方中提到的面包外，我们还可以使用以下面包：
汤种面包（第20页）
酸面团黑麦面包（第28页）
小麦胚芽面包（第30页）

A) 将面包切成 2 厘米见方的面包块。

B) 将面包块放进热油锅里煎至变色，然后撒上少量盐。

面包边小吃

做三明治剩下来的面包边该怎么处理呢？可以将它煎得脆脆的，做成以下两种口味的小吃。

＊ ＊ ＊

原材料（参考分量：易于制作）

简易白面包（第15页）的面包边	250g
A	
鸡精	1/2 小勺
B	
辣椒粉	1/4 小勺
匈牙利红椒粉	1/2 小勺
盐	少量
油	适量

做法

1. 将面包边切成5厘米长的条状。
2. 将油烧热，倒入步骤1的面包条，炸至焦黄酥脆。
3. 将炸好的面包条捞出，分成两份，趁热在其中一份上撒上配料A（图A），在另外一份上撒上配料B（图B）。

除了配方中提到的面包外，我们还可以使用以下面包：
汤种面包（第20页）
酸面团黑麦面包（第28页）
小麦胚芽面包（第30页）

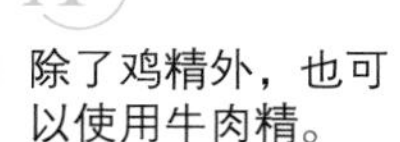

A）除了鸡精外，也可以使用牛肉精。

B）匈牙利红椒粉主要用来上色，而辣椒粉则用来增加面包边的味道。

沙瓦琳风味面包酸奶

淋上一层色泽鲜明的果酱后，面包就变成了一款好吃的甜点。

* * *

除了配方中提到的面包外，
我们还可以使用以下面包：
法式面包（第24页）
奶油面包（第26页）
椰蓉红茶面包（第70页）

原材料（参考分量：2人份）	
潘妮托尼粗糖面包（第57页）	1片（1cm厚）
原味酸奶（无糖）	200g
绵白糖	2大勺
葡萄汁	100ml
蓝莓果酱	30g
黄油	适量

做法

1. 在面粉筛上铺一层纸巾，将酸奶倒在上面，将它放在一个大碗中冷藏一晚，滤掉其中的水分（图A），再加入绵白糖。
2. 在面包上涂薄薄的一层黄油，用锡纸包住面包，放入烤箱略微烘焙一下。
3. 将蓝莓果酱和葡萄汁搅拌均匀后放入冰箱冷藏。
4. 准备一个玻璃杯，将步骤2的面包撕成小块放进去，淋上步骤3的混合物（图B），最后倒入步骤1的固态酸奶。

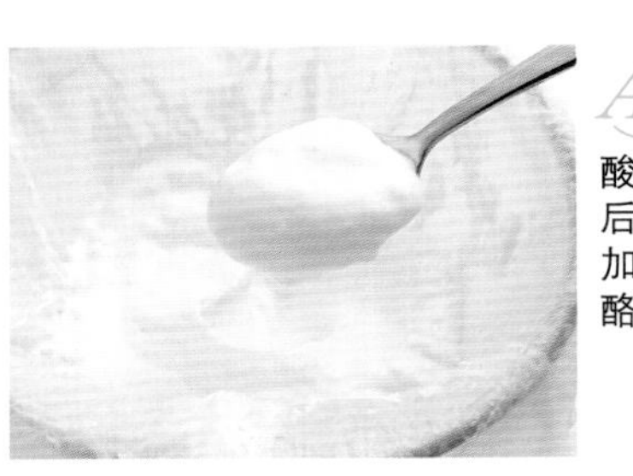

A）酸奶在滤掉水分后，味道会变得更加醇厚，如同鲜奶酪一样。

B）将面包撕成小块后立即浇上步骤3的混合物。

第5章 DIY整形面包

如果你已经厌倦了方方正正的面包，那么为什么不换个花样呢？你可以仅仅用面包机来和面，自己亲自动手完成整形和烘焙的工作。这样一来，无论是法式小面包、牛角面包和麦芬等经典面包，还是面包店里热卖的咖喱面包和夹馅面包，我们都可以自己在家制作了。

基础小面包

basic mini bread

小面包的配方和做法都极其简单，它能够与大部分食物搭配食用，也可以作为主食单独食用。

原材料（参考分量：12个）	
高筋面粉	300g
盐	4g
干酵母	5g
绵白糖	10g
无盐黄油	15g
水	180ml

做法

1 将所有原材料依次放入面包桶，选择“发面团程序”，启动开关（将初发酵时间设为40分钟）。

2 初发酵完成后，打开面包机的机盖，用手指在面团表面戳一下，判断面团的发酵程度（图A）。

3 在案板上撒薄薄的一层面粉，将发酵好的面团放在上面。先轻轻地揉搓面团使其排气，待排气结束后，将面团拉伸成长条，并等分为12份。

4 将切分后小面团分别揉圆，用布盖上，放置10分钟左右（图B）。

5 10分钟之后，再次将面团揉圆，并为其整形（图C）。

6 在烤盘内铺一层烘焙纸，将步骤5中的小面团相互保持一定距离放在烤盘上（图D）。为了防止面团变干，可以在面团上盖一块布，并将面团在30℃左右的地方放置30～40分钟，进行醒发。

7 当面团膨胀至原来体积的2倍时（图E），将烤盘放入预热到180℃的烤箱，大约烘焙12分钟。

8 烘焙完成后（图F），立即将面包取出，放在冷却架上冷却。

TIPS:

在发面团程序中，有的面包机可以人工设定初发酵的时间，这时只要遵照配方中的时间进行设定即可。如果无法人工设定的话，那么就从结束和面的时间算起（启动开关后15分钟左右），用计时器算出发酵时间。

A 用食指轻戳面团。若面团发酵适当，则小洞不会弹回；若面团发酵不足，则小洞迅速弹回。

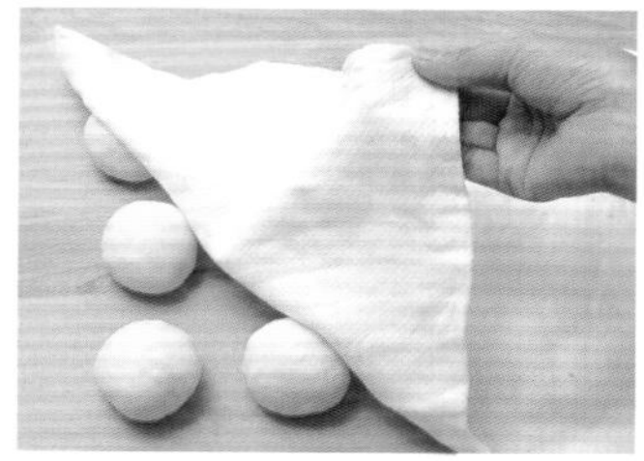

B 为了防止面团变干，可以在面团上面盖一块湿布。

C 再次揉圆时需要先将面团按平，然后将面团边缘不断地折向中间，最后将其揉圆。将面团接缝处朝下放置。

D 可以借助烤箱或微波炉的发酵功能来完成醒发，要记得在烤箱或微波炉中放一杯温水来保持湿度。

E 醒发完成后，面团膨胀至原来体积的2倍左右。

F 烘焙完成后，为了让热气能够及时散发，需要将面包放在冷却架上冷却。

简易面包之

法式小面包

petit french loaf

在家制作法式小面包的优势就是能够尝到刚出炉的面包的味道。微微温热的法式小面包配上一杯香浓的牛奶咖啡，简约而不失精致！

原材料（参考分量：8 个）	
中筋面粉	300g
盐	5g
干酵母	5g
绵白糖	3g
水	195ml

做法

1 将所有原材料依次放入面包桶，选择“发面团程序”，启动开关（将初发酵时间设为 60 分钟）。

2 初发酵之后，将面团放在撒有一层面粉的案板上，等分为 8 块，分别揉圆。然后在面团上盖一块湿布，放置 20 分钟。

3 轻轻地揉搓面团使其排气，然后将面团整形成细长的椭圆体，像包饺子一样将面团的接缝处捏紧（图 A），并将面团接缝处朝下放置（图 B）。

4 在烤盘内铺上一张两面都刷有油的烘焙纸，并将步骤 3 中的面团相互保持一定距离放在上面（图 C），盖上一块湿布，在 30℃左右的地方放置 30 ~ 40 分钟，进行醒发。

5 当面团膨胀至原来体积的 2 倍时，用锋利的刀为各个面团割包（图 D）。

6 在面团上喷水（图 E），将面团放入预热到 220℃的烤箱中烘焙 15 ~ 20 分钟。烘焙完成后，立即将面包取出，放在冷却架上冷却。

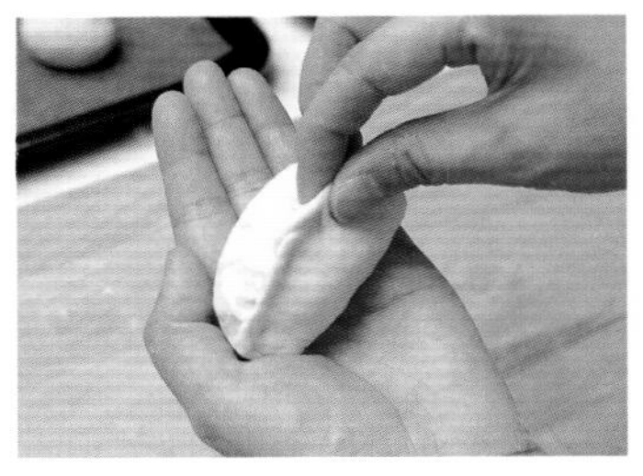

A) 将面团整形成细长的椭圆体。将面团按平，然后将面包边缘不断地折向中央，揉圆后捏紧接缝处。

B) 用手进一步为揉圆的面团整形，然后将面团接缝处朝下放置。

C) 在烤盘内铺上一张两面都刷有油的烘焙纸，按照一定距离摆放面团。然后在面团上盖一块湿布，让其醒发。

D) 为面团割包。割包是为了让面团内部的气体排出，否则面包在烘焙时会由于内部气体膨胀而从中间裂开。

E) 向面团或烤箱内喷水能够让出炉的面包表皮更加香脆！

精致面包之

全麦牛角面包

graham croissant

掺入了全麦面粉后，面包的味道立刻就得到了改善。另外，黄油的质量直接关系到面包的味道，因此最好使用品质较高的黄油。

原材料（参考分量：14个）	
高筋面粉	200g
低筋面粉	50g
全麦面粉	50g
盐	3g
干酵母	6g
绵白糖	20g
无盐黄油	30g
加水稀释的蛋黄液（1个鸡蛋）	130ml
无盐黄油（夹馅用）	170g

做法

1 将夹馅用的黄油装进保鲜袋中，擀成15厘米×15厘米的片状，然后放入冰箱冷藏。

2 将除夹馅用的黄油之外的原材料依次放入面包桶，选择“发面团程序”，然后启动开关，将初发酵时间设为30分钟。

3 初发酵完成后，取出面团，简单整形后装入保鲜袋，放入冰箱冷藏30分钟。（如果面团的温度偏高，黄油放上后很容易熔化，所以要将面团放入冰箱冷藏。）

4) 从冰箱中取出面团，将面团擀成25厘米×25厘米的面片。

5) 将步骤1中的黄油放在步骤4中的面片中央。

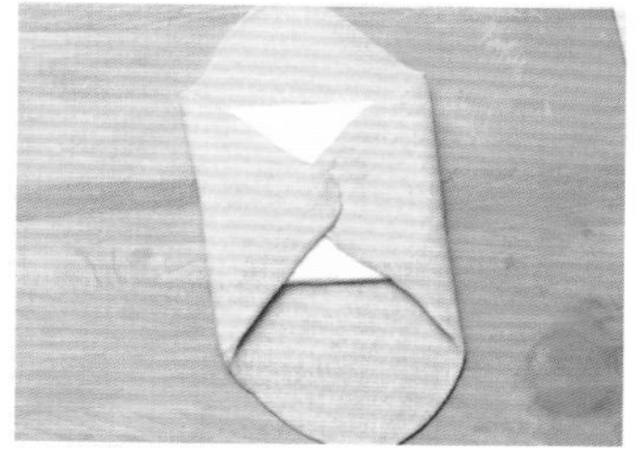

6) 将面片边缘向中央折起，包住黄油。

7) 封好接口处，以防黄油受热后溢出。

8) 用擀面杖纵向擀面片。

9) 将步骤8中的面片擀成20厘米×60厘米的长条，将短边与自己平行放置。

10）
将擀好的面片折叠成3层。

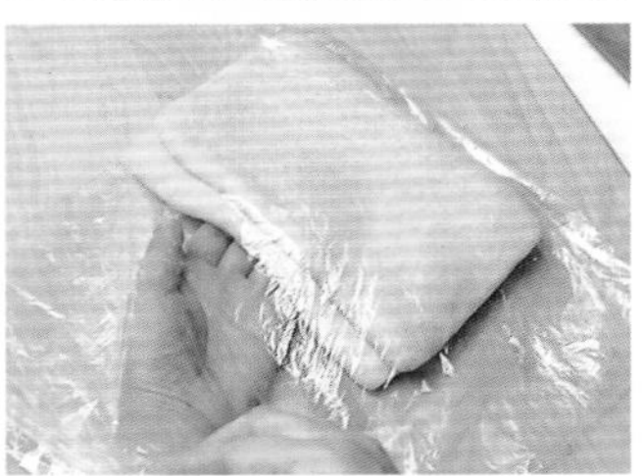

11）
用保鲜膜包住面片，放入冰箱冷藏15分钟。

12）
取出面片，将其擀成20厘米×60厘米，然后折叠成3层，包上保鲜膜，放入冰箱冷藏15分钟。这个步骤一共重复3次。

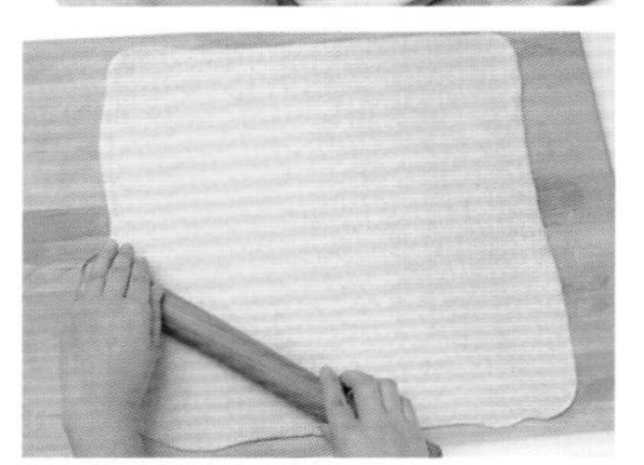

13）
将面团取出，将其擀成35厘米×40厘米的面片。

14）
去掉不规则的边，将面片整成规整的矩形。

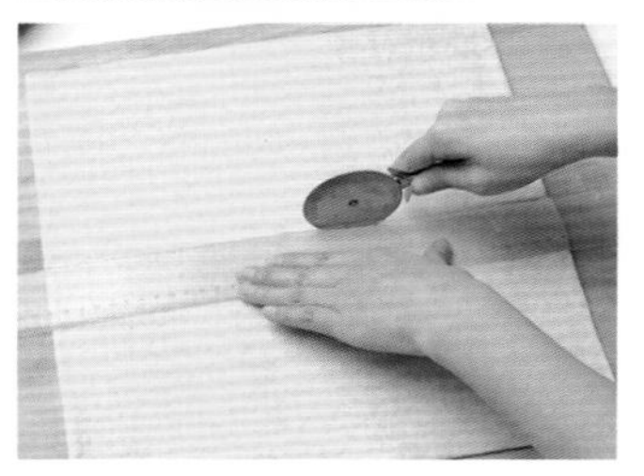

15）
将面片从中间一分为二，切成2个长方形。

16）
将每个长方形面片切成7个底边约为10厘米的等腰三角形面片。

17）
用刀在每个三角形面片底边的中央划一道口。

18）
从三角形面片的底边（分别从切口的左右两边）开始向上卷。

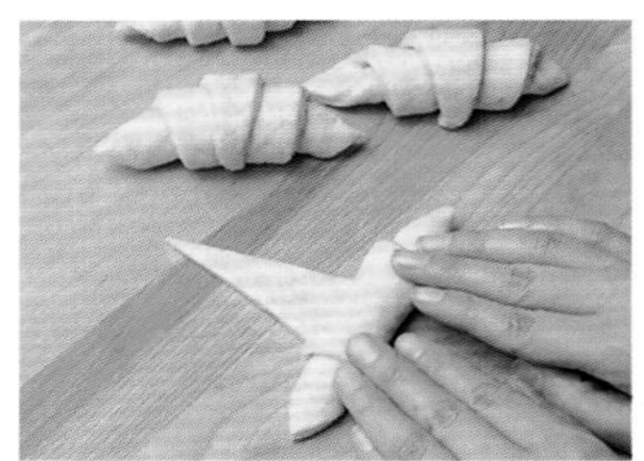

19）
卷的时候，从底部一点一点地向上卷，直至完全卷起。

20）
将整形完毕的牛角面包放在铺有烘焙纸的烤盘上，在28℃左右的地方醒发30～40分钟。

21）
当面团膨胀至原来体积的2倍时，将其放入预热到200℃的烤箱内烘焙12～20分钟。完成后，立即取出面包。

有了它们之后，面包顿时会增色不少

这里为大家介绍了四种专门搭配手工面包的酱汁，它们能够突显出面包的味道——让你的面包炫起来吧！

颇具法国风情的——奶油鳕鱼酱

材料（参考分量：100ml）

- 鳕鱼 $^1/_2$ 块（50g）
- 鲜奶油 2 大勺
- 大蒜 1 瓣
- 胡椒粉 少量
- 土豆 1 个
- 橄榄油 1 小勺
- 盐 少量
- 香菜 少量

做法：

1. 将鳕鱼加水煮熟（也可以使用微波炉加热），大蒜切成碎末。
2. 将土豆去皮后切块，然后包上保鲜膜，放入微波炉加热 4 分钟左右。
3. 将所有原材料放入食品加工机搅打成糊状。

颇具地中海风情的——茄子酱

材料（参考分量：100ml）

- 茄子（小）2 个
- 橄榄油 2 大勺
- 胡椒粉 少量
- 大蒜 $^1/_2$ 瓣
- 盐 少量
- 香菜 少量

做法：

1. 将茄子烤熟，然后去掉皮和蒂。
2. 将步骤 1 的茄子和其他原材料一起放入食品加工机，搅打成糊状。

时尚感十足的——火腿酱

材料（参考分量：100ml）

- 火腿 6 ~ 7 片（100g）
- 鲜奶油 100ml
- 盐 少量
- 胡椒粉 少量
- 洋葱末 1 大勺
- 大蒜 $^1/_2$ 瓣
- 香菜 少量

做法：

1. 将火腿和大蒜切成适当的大小。
2. 将所有原材料一起放入食品加工机搅打成糊状。

跟葡萄酒搭配的——地中海鳀鱼橄榄酱

材料（参考分量：100ml）

- 黑橄榄（去核）100g
- 橄榄油 2 大勺
- 胡椒粉 少量
- 鳀鱼 4 条
- 盐 少量
- 香菜 少量

做法：

将所有的原材料一起放入食品加工机搅打成糊状。

葡萄籽油藏红花面包

grapeseed oil&saffron bread

使用葡萄籽油做出来的面包具有干爽不腻的特点，而藏红花的色泽和香味又使整个面包的时尚感倍增。

原材料（参考分量：14 个）	
高筋面粉	200g
低筋面粉	100g
盐	4g
干酵母	3g
绵白糖	10g
葡萄籽油	1 大勺（12g）
水	190ml
藏红花	一小撮

1 将藏红花放入 190 毫升水中浸泡约 10 分钟，直至水变成黄色（图 A、B）。

2 将步骤 1 的藏红花和水以及其他原材料依次放入面包桶，选择“发面团程序”，启动开关，将初发酵时间设定为 40 分钟。

3 初发酵结束后，将面团放在撒有面粉的案板上，将其等分为 10 份，分别揉圆。然后在面团上盖一块湿布，静置 10 分钟左右。

4 10 分钟之后，将面团再次揉圆，并将接缝处封紧。将面团放在铺有烘焙纸的烤盘上，在面团上盖一块湿布，然后将其在 30℃的环境下放置 30 ~ 40 分钟，进行醒发。

5 当面团膨胀至原来体积的 2 倍时，将它放入预热到 190℃的烤箱内烘焙 15 分钟。烘焙完成后，立刻将面包取出，放在冷却架上冷却。

这里使用的藏红花是用干燥的藏红花的雌蕊制成的香料，它经常用于制作西班牙烩饭和普罗旺斯鱼汤等。

将藏红花泡在水中，待水变成黄色后，连水带藏红花一起使用。

葡萄籽油是从葡萄籽中提炼出的植物油，它不含胆固醇，味道也很淡，比较爽口。

芝麻油面包

white sesame oil bread

醇香的芝麻油正适合用来做面包！

原材料（参考分量：12 个）

高筋面粉	240g
低筋面粉	60g
盐	5g
干酵母	5g
绵白糖	15g
芝麻油	2 大勺（24g）
水	170ml
熟黑芝麻	20g

最好选用白芝麻油。它在萃取过程中未经加热，呈白色，散发着新鲜芝麻特有的温和的香味。

做法

1. 将除黑芝麻以外的原材料依次放入面包桶，选择“发面团程序”，启动开关，将初发酵时间设定为 40 分钟。
2. 预发酵完成后，倒入黑芝麻。
3. 初发酵结束后，将面团放在撒有面粉的案板上，等分为 12 份，分别揉圆。然后在面团上盖一块湿布，静置 10 分钟左右。
4. 10 分钟之后，将面团拉伸至 15 厘米长，然后卷起来，放在铺有烘焙纸的烤盘上，盖一块湿布，在 30℃左右的环境下醒发 30 ~ 40 分钟。
5. 当面团膨胀至原来体积的 2 倍时，放入预热到 180℃的烤箱中烘焙 12 分钟。烘焙完成后，立即将面包取出，放到冷却架上冷却。

橄榄油夏巴塔

olive oil ciabatta

夏巴塔源自意大利，形状酷似拖鞋，在意大利语中的原意就是“拖鞋”。

原材料（参考分量：10 个）

中筋面粉	300g
盐	4g
干酵母	5g
绵白糖	5g
橄榄油	1 大勺（12g）
水	170ml

橄榄油分为很多种，不同品种的味道和颜色都不同，可以根据需要自己选择。

做法

1. 将所有原材料依次放入面包桶，选择“发面团程序”，启动开关，将初发酵时间设定为 60 分钟。
2. 初发酵结束以后，将面团放在撒有面粉的案板上，等分为 12 份，分别揉圆。然后在面团上盖一块湿布，静置 20 分钟左右。
3. 20 分钟后，将面团擀成 20 厘米 ×30 厘米，用刀从中间一分为二，将每块面团再等分为 5 份。然后将这些小面团放在铺有烘焙纸的烤盘里，盖一块湿布，在 30℃左右的环境下醒发 40 ~ 50 分钟。
4. 当面团膨胀为原来体积的 2 倍时，在面团上喷水，将其放在预热到 200℃的烤箱中烘焙 15 ~ 20 分钟。烘焙完成后，立即将面包取出，放在冷却架上冷却。

贝 果

bagel

可爱的贝果是一种非常受欢迎的硬面包圈，它的味道和做法都比较简单，可以搭配多种食物食用。我们可以在此基础上添加一些配料，让面包的色彩和味道更富于变化。

原味贝果

plain bagel

原材料（参考分量：5 个）	
高筋面粉	300g
盐	3g
干酵母	2g
绵白糖	15g
水	150ml
糖蜜（或红糖）	1 大勺

1)

将除糖蜜以外的原材料依次放入面包桶，选择“发面团程序”，启动开关。待面团和好后，将面团取出，放在撒有薄薄的一层面粉的案板上，等分为 5 份，然后用湿布盖上，静置 10 分钟。

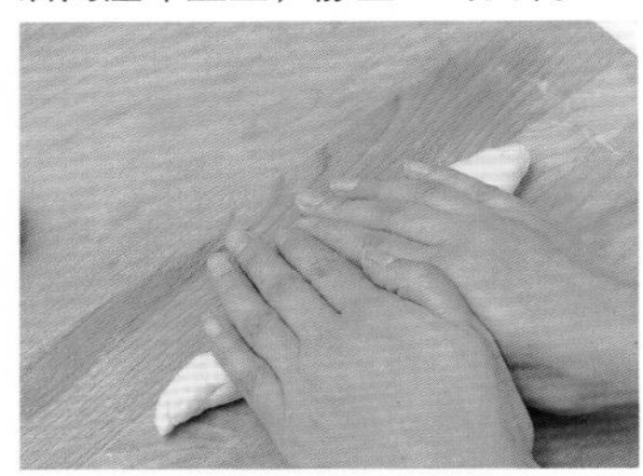

2)

10 分钟之后，将小面团揉圆，然后搓成 20 厘米左右的长条。

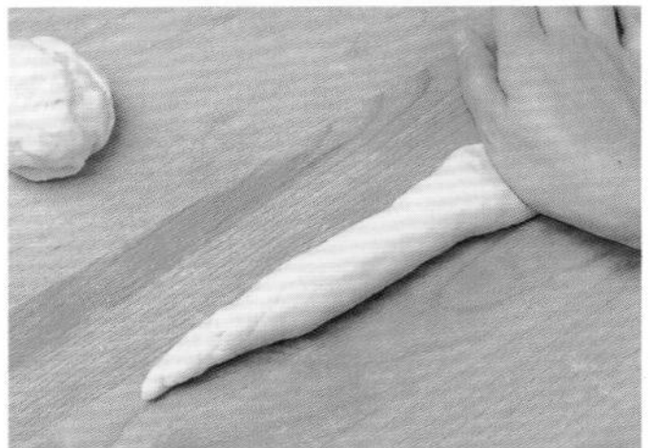

3)

将长条的一端用手掌按平。

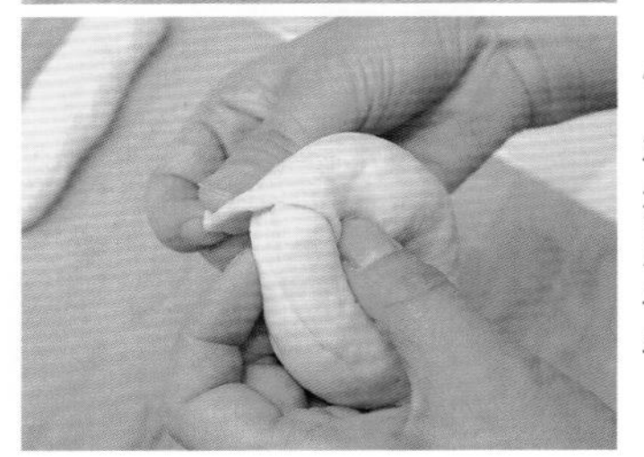

4)

将长条的两端对接、捏紧，使面团呈圆环状。（用按平的一端裹住未按平的一端。）

5)

在面团上盖一块湿布，将其放在 30℃左右的环境中醒发 30 分钟，面团应膨胀为原来体积的 2 陪。

6)

在锅中放水，烧开后加入糖蜜，将醒发好的贝果放在沸水中，每面用小火煮 20 秒，之后捞出，沥干水分。

用糖蜜水煮过的面团做出的面包比普通面包更有光泽，口感也更加松软。这里的糖蜜可以用红糖代替。

7)

将煮好的贝果面团放在铺有烘焙纸的烤盘上，放入预热到 190℃的烤箱中烘焙 15 分钟。然后将贝果取出，放在冷却架上冷却。

南瓜贝果

pumpkin bagel

原材料（参考分量：6个）

原味贝果的配方（其中水只需要90ml）	
南瓜（净重）	180g
南瓜子	适量

做法

1. 将南瓜去皮，切成小块，然后包上保鲜膜，放入微波炉加热6～7分钟。待其变软后，用叉子将其碾成南瓜泥。
2. 把除糖蜜和南瓜子以外的原材料依次放入面包桶，接下来跟制作原味贝果的步骤一样，只是在放入烤箱烘焙前用南瓜子装饰面团表面即可。

芝麻贝果

sesame bagel

原材料（参考分量：5个）

原味贝果的配方	
熟芝麻（黑、白）	20g

做法

与制作原味贝果的步骤大致相同，熟芝麻应该在预发酵完成后放入。

巧克力丹麦面包卷

chocolate danish

任何一家面包店中都会有丹麦面包的身影，无论是做成牛角面包还是做成葡萄干、巧克力等各类夹馅面包，丹麦面包都是很考验烘焙基本功的一款面包，而烘焙基本功中最关键的部分就是制作面团。

丹麦面包面团（参考分量：12 个）	
高筋面粉	200g
低筋面粉	100g
盐	4g
干酵母	7g
绵白糖	30g
无盐黄油（和面用）	30g
牛奶	140ml
鸡蛋（中）	1 个（50g）
无盐黄油（折叠用）	150g

1 将折叠用的黄油装入保鲜袋，然后用擀面杖隔着保鲜袋将黄油擀成 15 厘米 ×15 厘米的片状，放入冰箱冷藏。

2 将除折叠用的黄油以外的原材料放入面包桶，选择“发面团程序”，启动开关，将初发酵的时间设为 30 分钟。

3 初发酵完成后，取出面团，将其装入保鲜袋，放入冰箱冷藏 30 分钟。（如果面团温度太高的话，黄油放上后会受热熔化。）

4 30 分钟后，将面团取出，用擀面杖擀成 25 厘米 ×25 厘米的正方形面片。

5 将片状黄油斜着放在面片中央，然后折叠面片，包住黄油，并封紧封口。

6 将折叠好的面片擀成 20 厘米 ×60 厘米的长方形，折 3 折后包上保鲜膜，放入冰箱冷藏 15 分钟。

7 取出面片，将面片的折痕与自己垂直放置。再次用擀面杖将其擀成 20 厘米 ×60 厘米的长方形面片，折 3 折后放入冰箱冷藏 15 分钟。这个步骤前后一共需要重复 3 次。

丹麦面包卷（参考分量：12 个）	
丹麦面包面团	12 个
黑巧克力条	24 根

1 将丹麦面包面团擀成 30 厘米 ×40 厘米的长方形薄面片，然后按照巧克力条的长度切分面片，将巧克力条放在面片上（图 A）。将其裹起后，放上另一根巧克力条（图 B）。再次裹起后，将封口封严，然后切断面片（图 C），一个巧克力丹麦面包卷的面团就做完了。

2 将做好的面团放在铺有烘焙纸的烤盘上，让其在 28℃左右的环境中醒发 30 分钟。

3 当面团膨胀为原来体积的 2 倍时，将烤盘放入预热到 200℃的烤箱中烘焙 15 ~ 20 分钟。烘焙完成后，将面包取出，放在冷却架上冷却。

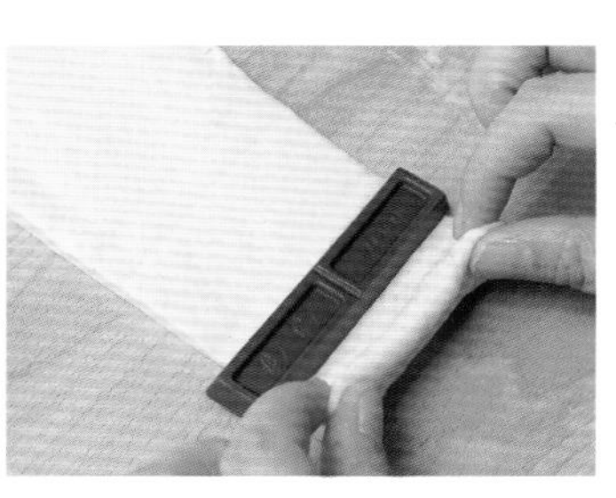

A

按照巧克力条的长度切分面片，然后将巧克力条放在面片上。

B

用面片裹住第一根巧克力条，然后放上第二根。

C

贴边将面片切断。

草莓千层酥

strawberry danish

将自制的奶油酱放在丹麦面包面团上，然后放进烤箱烘焙成千层酥，最后装饰上草莓。

原材料（参考分量：12 个）	
丹麦面包面团	12 个
奶油酱（做法请参照第 166 页）	适量
草莓	12 颗

TIPS:
丹麦面包面团的制作方法请参照第138页。

做法

1 将丹麦面包面团用擀面杖擀成 30 厘米 ×40 厘米的面片，然后等分为 12 个 10 厘米 ×10 厘米的小面片（图 A）。

2 将小面片沿着对角线折成三角形，接着用刀在距 2 条直角边 1 厘米左右的地方划出 2 道口（图 B）。

3 将面团的中间部分展开，将面团上切开的 2 条直角边分别向对角方向折起（图 C）。

4 在中间的凹陷处放上奶油酱（图 D），然后将面团放在铺有烘焙纸的烤盘上，在 28℃左右的环境中醒发 30 分钟。

5 当面团膨胀为原来体积的 2 倍时，将烤盘放进预热到 200℃的烤箱内烘焙 15 ~ 20 分钟。烘焙完成后，立即取出千层酥，放在冷却架上冷却。

A）用比萨刀先将面片纵向等分为 3 份，再将其等分为 10 厘米见方的小块。

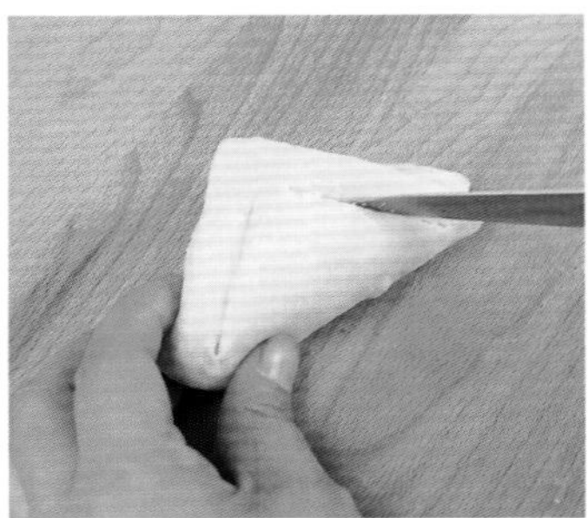

B）在距三角形面团的 2 条直角边 1 厘米左右的地方划出 2 道口。

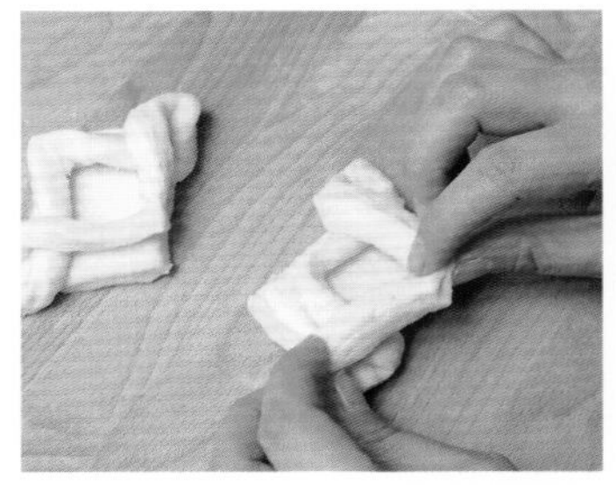

C）将面团上切开的 2 条直角边分别向对角方向折起。

D）在中间的凹陷处放上奶油酱。

用烤箱烘焙面包时，为面包整形的动作必须迅速。如果动作过于缓慢或在整形的过程中过多地接触面团，那么面包出炉后不仅不够膨松，表面还会出现裂缝，看起来干巴巴的。另外，静置后的面团呈松弛状态，此时如果过多触碰面团的话，面团的弹性又会增强，不易于整形。再有，面团在被切分后就会开始醒发，如果动作太慢的话，不仅面团表面容易变干，而且面团还容易发酵过度。所以动作一定要迅速！

还要注意一点，给面团整形时，手上和案板上也不能撒太多的面粉。如果使用的面粉过多，一来会使面团表面变干，二来会使出炉后的面包表面不够光洁。

朗姆酒葡萄干菠萝包

rum raisin melon bread

这款面包中加入了少许朗姆酒葡萄干，味道更加丰富；而外面那层酥软香甜的菠萝皮则让你尽享手工制作的乐趣。

原材料（参考分量：8 个）

菠萝皮

无盐黄油	70g
绵白糖	65g
盐	2g
鸡蛋（中）	1/2 个（25g）
A	
低筋面粉	150g
泡打粉	1/2 小勺
甜瓜汁	少许

TIPS:

如果没有甜瓜汁的话，可以用柠檬皮或朗姆酒代替。

面团

高筋面粉	200g
盐	3g
干酵母	4g
绵白糖	10g
无盐黄油	20g
脱脂牛奶	10g
水	125ml
朗姆酒葡萄干	50g

TIPS:

朗姆酒葡萄干在使用前需要用纸巾吸干水分。

做法

1 制作菠萝皮。将在室温下软化的黄油用打蛋器打到发白，然后分 3 次倒入蛋液（每次都要等黄油跟蛋液充分混合后再倒下一次）。接着加入糖和甜瓜汁，搅拌均匀后倒入配料 A，用刮板轻轻拌至光滑不黏手。然后将面团搓成长条状，包上保鲜膜（图 A），放入冰箱冷藏 1 小时。

2 制作面团。将除朗姆酒葡萄干之外的原材料依次放入面包桶，选择“发面团程序”，将初发酵的时间设为40分钟。预发酵完成后，倒入葡萄干。初发酵完成后，取出面团，使其排气，然后将其等分为 8 份，揉圆后盖上一块湿布，静置 10 分钟。

3 将步骤 1 中做好菠萝皮面团也等分为 8 份，揉圆后擀成直径为 8 厘米的小圆片（图 B）。

4 取一片菠萝皮放在手心，将步骤 2 中的一小块面团放在菠萝皮中央，用菠萝皮包住面团（图 C），接缝处向下放置。然后在菠萝皮上划出格子花纹（图 D），并裹上一层白糖（不计入用量）（图 E）。

5 将菠萝包放在铺有烘焙纸的烤盘上（图 F），盖一块湿布，在 30℃的环境下醒发 20 ~ 30 分钟。当面团膨胀为原来体积的 2 倍时，将其放入预热到 180℃的烤箱中烘焙 10 分钟。烘焙完成后，立即取出面包，放在冷却架上冷却。

A) 为了方便使用，可以将菠萝皮面团搓成一个长条并冷藏保存，通常可以保存 1 个月左右。

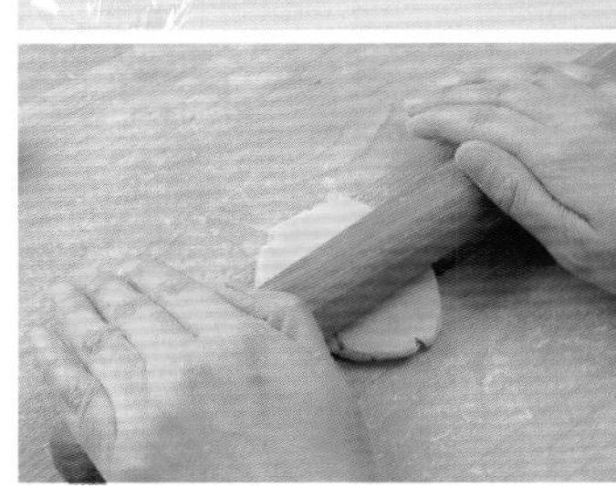

B) 因为菠萝皮面团偏硬，所以在擀的过程中要格外小心，不要让面团散掉。

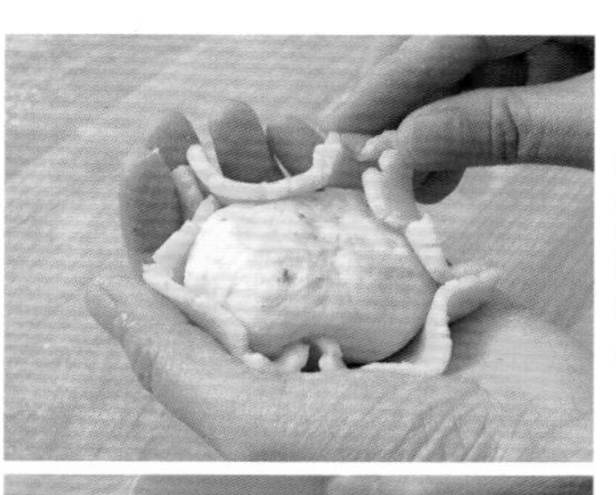

C

在手心里放一片菠萝皮，然后将一小块面团放在菠萝皮中央，用菠萝皮包住面团。

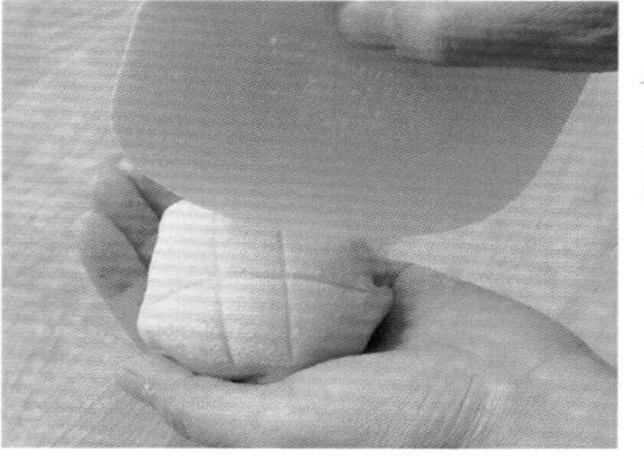

D

在菠萝皮上划出格子花纹。

E

将面团包好后，用手指捏住菠萝皮的边缘，转动菠萝包，在其顶部和周围裹上薄薄的一层白糖（图中的容器里放的是白糖）。

F

将菠萝包放在烤盘上醒发。如果醒发时间过长的话，菠萝皮容易破裂，所以要把握好时间。

精致面包之

布里欧修小面包

brioche loaf

用吐司模做出来的布里欧修面包用途很广，既可以切片放入烤箱做成烤面包片，也可以搭配冰激凌直接食用。

原材料（参考分量：8cm × 6cm × 18cm 的吐司模 2 个）

面团

高筋面粉	200g
低筋面粉	50g
盐	3g
干酵母	3g
绵白糖	40g
无盐黄油	60g
牛奶	50ml
鸡蛋（中）	1 个（50g）
蛋黄液	1 个

刷面

蛋黄液	$^1/_2$ 个
牛奶	20ml

做法

1 将除黄油之外的制作面团用的原材料依次放入面包桶，选择“发面团程序”，启动开关。在面包机和面的过程中，分 3 ~ 4 次加入黄油。

2 将初发酵的时间设为 40 分钟。初发酵结束后，将面团取出，放在撒有面粉的案板上，等分为 16 份，然后分别揉圆（图 A）。无需留出静置的时间。

3 左手托住面团底部，右手捏住面团的边缘，将面团边缘捏向中间（图 B）。通过双手指尖的配合和转动，将面团捏成如图 C 和 D 所示的形状（其中一头是尖的），然后刷上薄薄的一层黄油（不计入用量）。将面团的接缝处朝下，整齐地放进撒有高筋面粉（不计入用量）的吐司模内，每个吐司模内放 8 块小面团（图 E）。

4 在吐司模上盖一块湿布，在 30℃左右的环境下醒发 40 分钟左右。

5 将刷面用的材料搅拌均匀，用刷子涂在步骤 4 中的面团上（图 F），然后将模具放在预热到 180℃的烤箱内烘焙 20 分钟。烘焙完成后，立即取出面包，放在冷却架上冷却。

A）图中是分割并揉圆后的面团。因为面团中放入了大量黄油，质地较软，所以整形之前无需专门留出静置的时间。

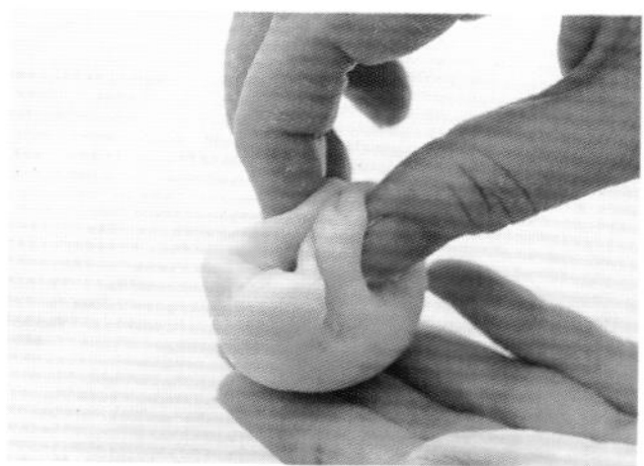

B）左手托住面团底部，右手捏住面团的边缘，将面团边缘捏向中间。

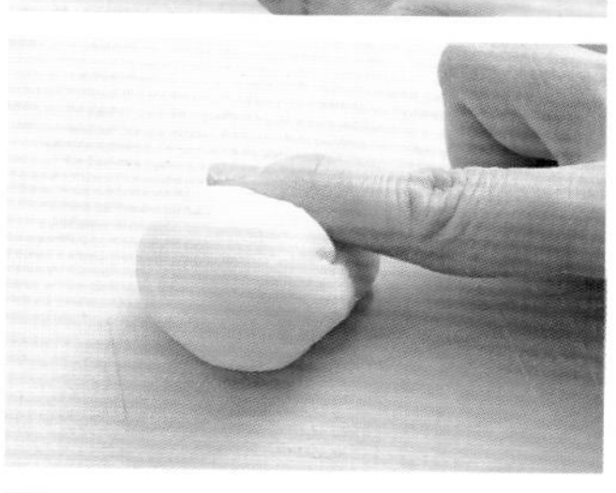

C）将面团放倒，用指尖按住接缝处。

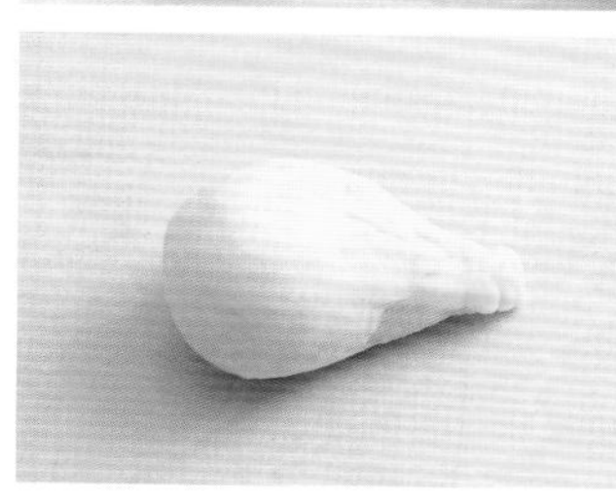

D）最终将面团整成水滴一样的形状。

E）每个吐司模内放 8 块小面团。

F）醒发完成后，开始刷面。

布里欧修挞

brioche a tete

布里欧修挞圆鼓鼓的样子很招人喜爱，尝起来如蛋糕般绵软。

原材料（参考分量：直径为 8cm 的布里欧修模具 12 个）

面团	
高筋面粉	300g
盐	6g
干酵母	5g
绵白糖	45g
无盐黄油	80g
用水稀释过的蛋黄液（2 个鸡蛋）	160ml
刷面	
蛋液	适量

做法

1. 将除黄油之外的制作面团用的原材料依次放入面包桶，选择“发面团程序”，启动开关，将初发酵的时间设为 60 分钟。将黄油放在室温下软化，在面包机和面的过程中分 3 ~ 4 次加入。
2. 初发酵结束以后，将面团取出，放在撒有面粉的案板上，等分为 12 份，分别整成水滴形，用手掌边缘转动着按压面团的尖端，使其形成一道凹槽（图 **A**）。然后将面团放入涂有无盐黄油（不计入用量）的模具内，先让其底部与模具紧密结合，然后将上部凸起的地方沿着凹槽折叠，用手指进一步按压，形成一个小“头”（图 **B**）。无需留出静置的时间。
3. 在面团上盖一块湿布，在 30℃左右的环境下醒发 50 ~ 60 分钟。
4. 当面团膨胀为原来体积的 2 倍时，在其表面刷蛋液，并将模具放在预热到 180℃的烤箱内烘焙 15 ~ 20 分钟。烘焙完成后，将面包和模具一起取出，放在冷却架上冷却。

A) 将面团等分为 12 份，分别整成水滴形，用手掌边缘转动着按压面团的尖端，使其形成一道凹槽。

B) 将面团放入涂有无盐黄油的布里欧修模具中，将上部凸起的部分沿着凹槽折叠，形成一个小“头”。

TIPS:

如果在初发酵结束后将面团装进保鲜袋内冷藏一晚的话，做出来的面包口感会更棒。在烘焙之前取出面团，在室温下放置1个小时左右，然后分割面团。面团可以在冰箱中保存2天左右，因此我们可以提前2天制作面团。

布里欧修橙皮面包

orange brioche

掺入了大量鸡蛋和黄油的布里欧修面包绵软密实，吃起来如同蛋糕一样。而橙皮带有微微的苦味，与面包浓郁的甜味并不冲突，反而起到了相得益彰的作用。

原材料（参考分量：麦芬模 10 个）

布里欧修挞的面团（请参照第 146 页）	
橙皮	70g
刷面	
蛋液、雪花糖	适量

1 准备一份与制作布里欧修挞完全一样的原材料，将除黄油和橙皮以外的原材料依次放入面包桶，黄油的放入方法跟制作布里欧修挞时相同，而橙皮（图 **A**）需要等到预发酵完成后再加入。

2 初发酵完成后（图 **B**），将面团取出，放在撒有面粉的案板上，等分为 10 份，分别揉圆。然后将其放入模具中，盖一块湿布，在 30℃左右的环境下醒发 50 ~ 60 分钟。

3 涂上刷面用的蛋液，并撒上雪花糖，烘焙的方法和烘焙布里欧修挞相同。

A)

橙皮不用切得太碎，这样才能更好地保留它的味道。

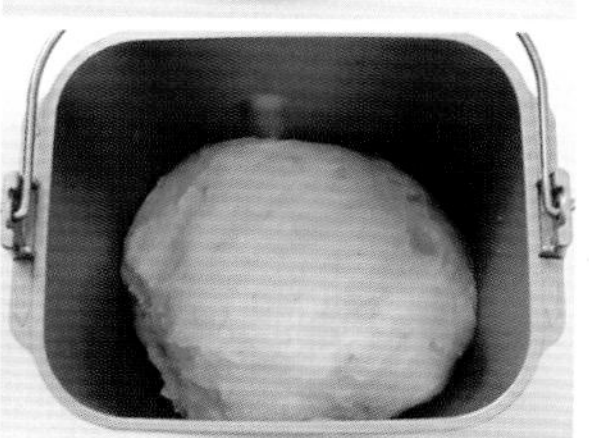

B)

图为初发酵结束时面团的状态。放入了大量黄油的面团不容易膨胀，因此它膨胀到如图所示的程度就可以了。

简易面包之

英式麦芬

English muffin

扁平的外形是英式麦芬特有的标志。食用时可以用叉子在面包四周戳一圈，然后用手掰开面包，抹上黄油和果酱，放入烤箱烘焙几分钟。

原材料（参考分量：直径为9cm的麦芬模8个）

面团

高筋面粉	250g
盐	5g
干酵母	3g
绵白糖	20g
无盐黄油	20g
牛奶	50ml
水	110ml
粗玉米粉	适量

做法

1 将制作面团用的所有原材料依次放入面包桶，选择“发面团程序”，启动开关，将初发酵的时间设定为40分钟。

2 初发酵结束后，将面团取出，放在撒有面粉的案板上，等分为8份。在面团上盖一块湿布（图A），静置10分钟。

3 在玉米粉上喷一层水。用擀面杖将步骤2的面团擀成与模具差不多大小的面片（图B），然后将面片在玉米粉中蘸一圈（图C）。

4 在模具中刷上无盐黄油（不计入用量），然后将其放在铺有烘焙纸的烤盘内。再将面片放入模具（图D），盖上一层布，在30℃左右的环境中醒发30分钟。

5 醒发结束后（图E），在模具上方放一个空烤盘（图F），然后将它们放进预热到180℃的烤箱内烘焙15分钟左右。烘焙完成后，立即取出面包，放在冷却架上冷却。

A 面团容易变干，所以在静置时需要盖上一块湿布。

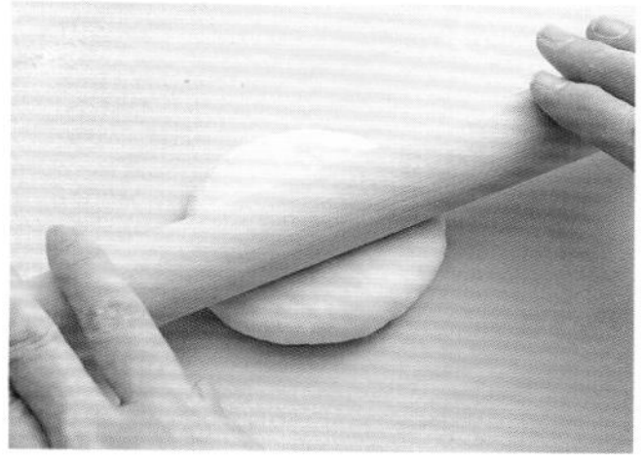

B 用擀面杖轻轻地擀一下面团就可以了，也可以用手直接将其按扁。

C 将面片在玉米粉中蘸一圈。

D 将面片放入模具，在30℃左右的环境中醒发30分钟左右。

E 图为醒发后的样子，面片膨胀为原来体积的2倍。

F 因为面团在烘焙的过程中还会膨胀，所以要在模具上放一个空烤盘，以保证烤出来的面包是扁平的。

迷你白面包

mini white bread

用袖珍版的吐司模烘焙出来的面包就像小方砖一样，小巧玲珑，惹人喜爱。因为它的尺寸比较小，所以吃起来很方便，而且也不容易造成浪费。

原材料（参考分量：6cm × 6cm × 25cm 的模具 2 个）	
高筋面粉	250g
盐	3g
干酵母	3g
绵白糖	20g
无盐黄油	20g
牛奶	30ml
水	130ml

做法

1 将所有原材料依次放入面包桶，选择“发面团程序”，启动开关，将初发酵的时间设定为 40 分钟。

2 初发酵结束以后，将面团取出，放在撒有面粉的案板上，等分为 8 份。然后在面团上盖一块湿布，静置 10 分钟。

3 在模具和盖子的内侧刷上薄薄的一层黄油（不计入用量），并撒上少量高筋面粉（不计入用量）（图 A）。

4 用擀面杖将步骤 2 的面团擀成椭圆形的面片，将两个长边向中间折起（图 B），然后从短边开始一点点地卷起面片（图 C），每个模具里放 4 块卷好的面团（图 D）。

5 在模具上盖一块湿布，放在 30℃左右的环境下醒发 40 分钟（图 E）。

6 醒发结束后，盖上模具的盖子（图 F），放入预热到 190℃的烤箱内烘焙 20 分钟左右。烘焙完成后，将面包从模具中取出，放在冷却架上冷却。

A 在模具和盖子的内侧刷上黄油并撒上面粉，以防面团粘在模具上。

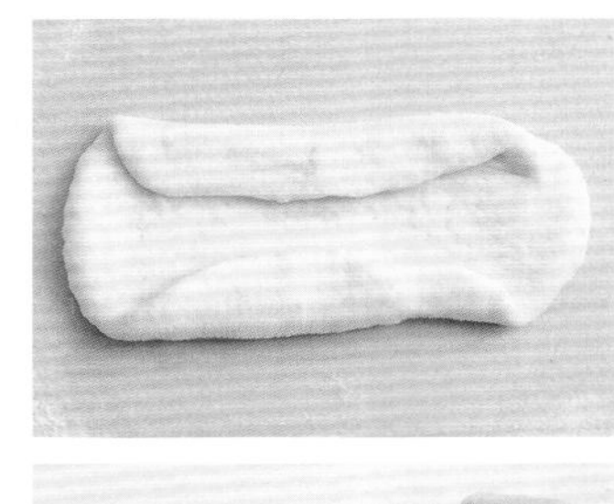

B 图为擀好的椭圆形面片。将面片的两个长边向中间折起，折成接近长方形的形状。

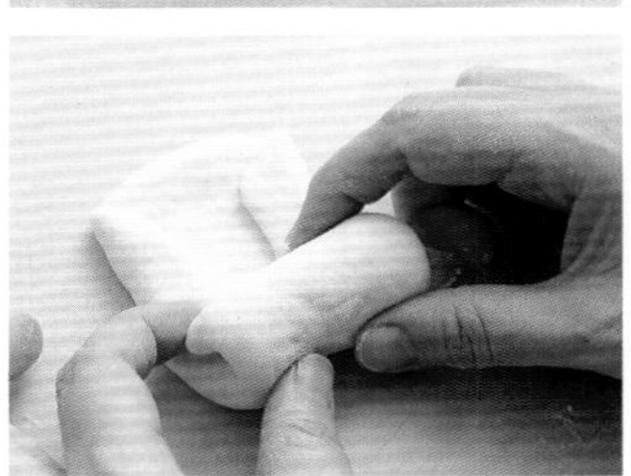

C 从短边开始一点点地卷起面片。

D 将面团放进模具时要充分考虑面团膨胀后的体积。因此，面团和面团之间要留出足够的空间。

E 图为面团醒发后的状态。因为事先将面团卷了起来，所以它们的膨胀效果不错。

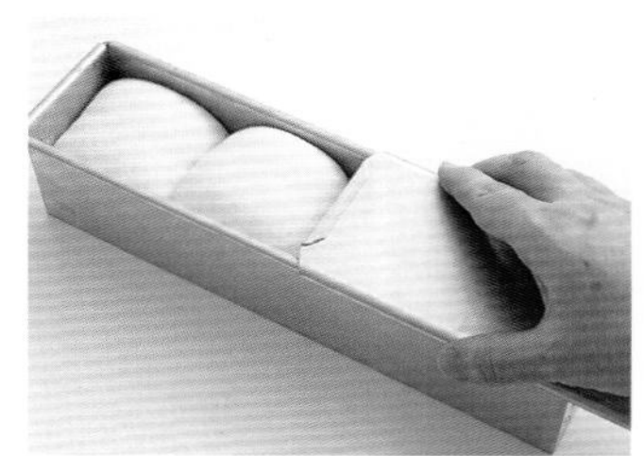

F 盖上盖子，使烘焙出的面包就像小方砖一样。

黄油卷

buttered roll

这是一款比较经典的面包，它使用了鸡蛋、黄油、牛奶等我们熟悉得不能再熟悉的原材料，而这些基本的原材料恰恰成就了经典的美味。

原材料（参考分量：8 个）

面团	
高筋面粉	250g
盐	5g
干酵母	3g
绵白糖	20g
无盐黄油	40g
牛奶	120ml
鸡蛋（中）	1 个（50g）
刷面	
鸡蛋	$^1/_2$ 个
牛奶	20ml

做法

1. 将制作面团的所有原材料依次放入面包桶，选择“发面团程序”，启动开关，将初发酵的时间设定为 40 分钟。
2. 初发酵结束后，将面团取出，放在撒有面粉的案板上，等分为 10 份。在面团上盖上一块湿布，静置 10 分钟。
3. 先用手将面团揉成水滴形（图 **A**），再用擀面杖将它擀成三角形（图 **B**）。然后从三角形的长边开始卷起（图 **C**），卷好后将面团接缝处向下放置（图 **D**）。
4. 将面团放在铺有烘焙纸的烤盘上，盖上一块湿布，放在 30℃左右的环境下醒发 30 分钟左右（图 **E**）。
5. 将刷面用的原材料搅拌均匀，用刷子刷在面团表面（图 **F**），然后将其放入预热到 180℃的烤箱内烘焙 15 分钟。烘焙完成后，立即取出面包，放在冷却架上冷却。

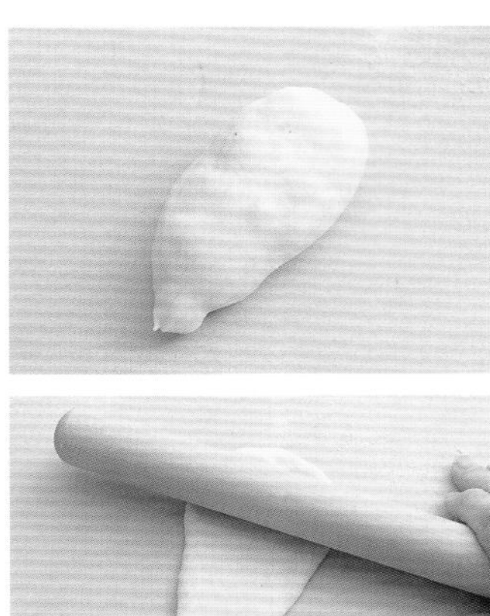

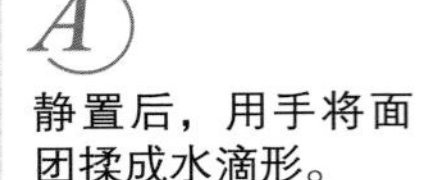

A) 静置后，用手将面团揉成水滴形。

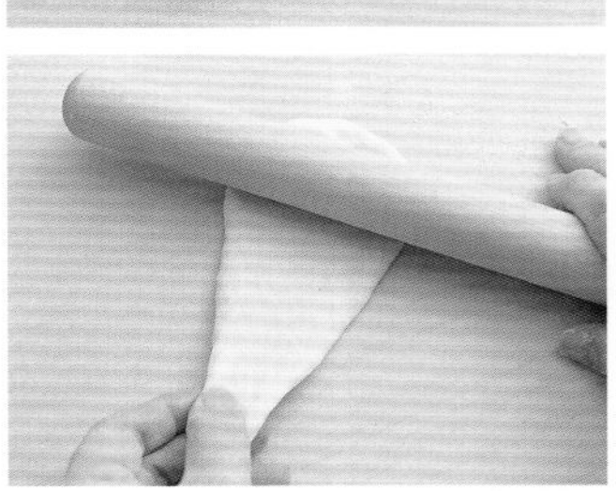

B) 左手拿着面团较细的一头，右手拿着擀面杖，将面团从左向右慢慢擀开。

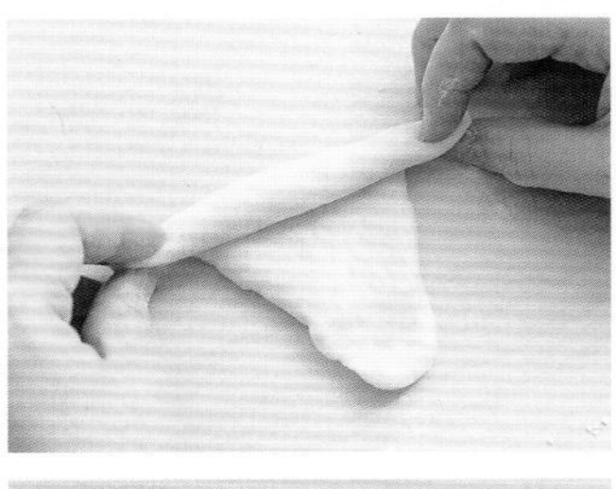

C) 从三角形面团的长边开始卷，最好能够卷得紧一些，这样面包出炉后的形状会比较好看。

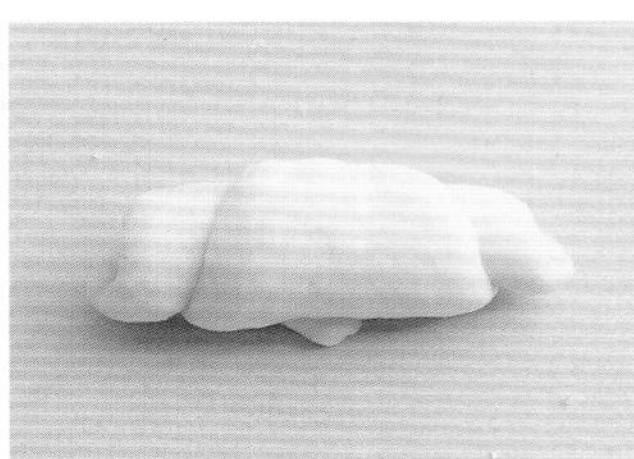

D) 将面团接缝处向下放置，稍微用手调整下形状。

E) 图为面团醒发之前的状态。因为面团在空气中放置久了容易变干，所以静置和醒发时最好盖上一块湿布。

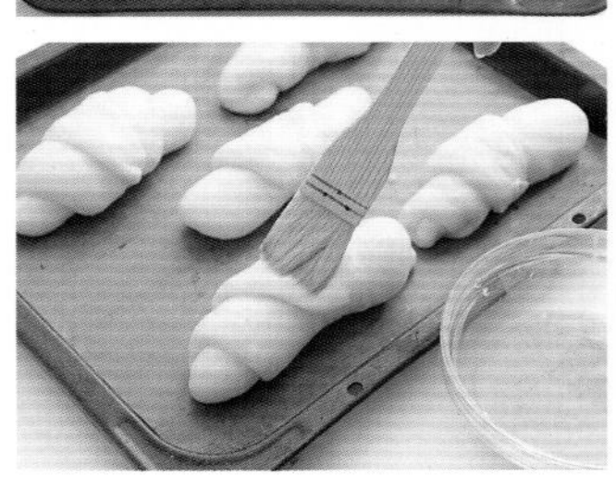

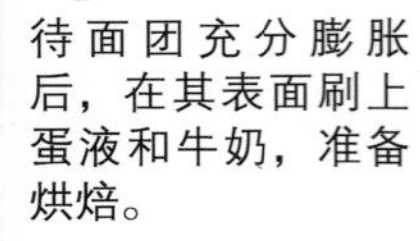

F) 待面团充分膨胀后，在其表面刷上蛋液和牛奶，准备烘焙。

甜面包之

肉桂卷

cinnamon roll

肉桂卷是一款裹入了大量葡萄干和肉桂粉的美式面包，香气浓郁，口感绵软。不妨同时配上一杯热咖啡，尽情享受这样暖暖甜甜而又略带苦涩的复杂味道吧。

原材料
（参考分量：直径为 18cm 的环形模具 1 个）

面团

高筋面粉	200g
低筋面粉	50g
盐	5g
干酵母	3g
绵白糖	20g
无盐黄油	40g
牛奶	120ml
鸡蛋（中）	1 个（50g）

馅料

砂糖	1 大勺
肉桂粉	$^{1}/_{2}$ 小勺
葡萄干	50g
核桃	30g

糖霜

糖粉	40g
速溶咖啡粉	1 小勺
热水	2 小勺

1 将制作面团的所有原材料依次放入面包桶，选择“发面团程序”，启动开关，将初发酵的时间设定为 40 分钟。

2 初发酵结束后，将面团取出，放在撒有面粉的案板上揉圆。然后在面团上盖一块湿布，静置 10 分钟。

3 将馅料中的葡萄干放在温水中浸泡一段时间，取出后沥干水分。将核桃切碎，与其他做馅料的原材料搅拌均匀，做成葡萄干核桃肉桂糖。

4 将步骤 2 的面团用擀面杖擀成 20 厘米 ×20 厘米的面片（图 A），将葡萄干核桃肉桂糖均匀地铺在面片上，然后将面片一点点地卷成圆筒状（图 B），再用刀切成 8 段（图 C）。

5 在模具内侧刷上薄薄的一层黄油（不计入用量），并撒上少量高筋面粉（不计入用量），将步骤 4 中切分好的小面团放入模具（图 D），盖上湿布，放在 30℃左右的环境下醒发 40 分钟（图 E）。

6 醒发结束后，将模具放在烤盘上，放入预热到 180℃的烤箱内烘焙 20 分钟，烤至面包表面变为金黄色。然后将面包取出，放在冷却架上冷却。

7 最后，将用热水、糖粉和速溶咖啡粉调制的糖霜淋在烤好的面包上（图 F）。

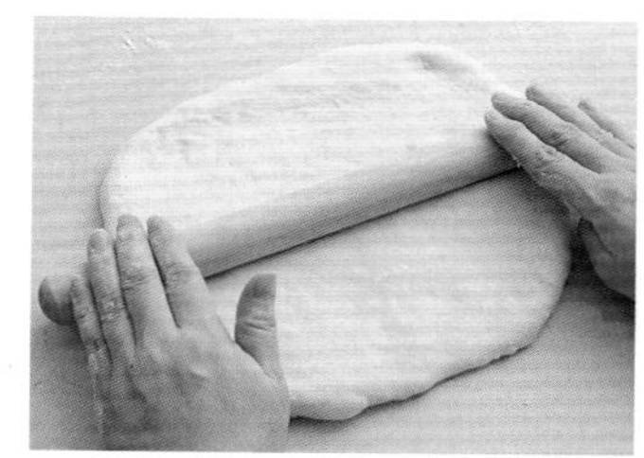

静置后，面团会变得松弛，因此擀起来会比较容易，将其大致擀成 20 厘米 ×20 厘米的面片。

B 将馅料均匀地铺在面片表面，然后将面片一点点地卷成圆筒状。

C 将圆筒切成 8 段，最好使用比较锋利的刀。

D 将面团放在刷有黄油、撒有高筋面粉的模具内。

E 醒发至图中的样子，然后将面团放入烤箱烘焙。

F 可以用圆锥形裱花袋（第 23 页）挤上糖霜，也可以用勺子淋上糖霜。

果仁法式乡村面包

campagne with nuts&fruits

这是一款用全麦面粉和小麦胚芽做出的面包，口感厚重，天然健康，在此基础上添加的大量核桃和干果使面包的香味更加醇厚，质感也更加丰富。

原材料（参考分量：2个）	
高筋面粉	180g
全麦面粉	40g
小麦胚芽	30g
盐	5g
干酵母	3g
绵白糖	10g
水	180ml
A	
核桃	40g
葡萄干	80g

做法

1. 将配料A中的葡萄干放入温水中浸泡一段时间，然后将水分沥干。
2. 将除配料A之外的原材料依次放入面包桶（图A），选择“发面团程序”，启动开关。预发酵完成后，放入配料A，将初发酵的时间设定为40分钟。
3. 初发酵结束后，将面团取出，放在撒有面粉的案板上，等分为2份，分别揉圆（图B）。在面团上盖一块湿布，静置10分钟。
4. 将2块面团分别用擀面杖擀成20厘米×20厘米的面片，卷起（图C）后接缝处向下放置。
5. 将面团放在铺有烘焙纸的烤盘上（图D），盖上一块湿布，放在30℃左右的环境下醒发40分钟左右。
6. 醒发结束后（图E），用筛子向面团表面撒上薄薄的一层面粉，再用刀为面团割包（图F），最后将其放入预热到200℃的烤箱内烘焙20分钟左右。待面包充分变色以后，取出面包，放在冷却架上冷却。

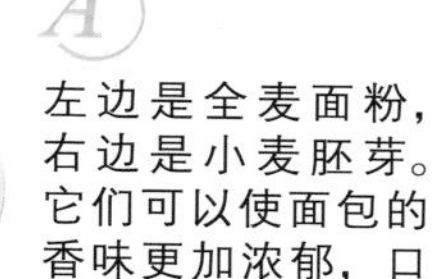

A) 左边是全麦面粉，右边是小麦胚芽。它们可以使面包的香味更加浓郁，口感更为厚重。

B) 将面团等分为2份后揉圆。如果长时间置于空气下，面团容易变干，所以最好在面团上盖一块湿布。

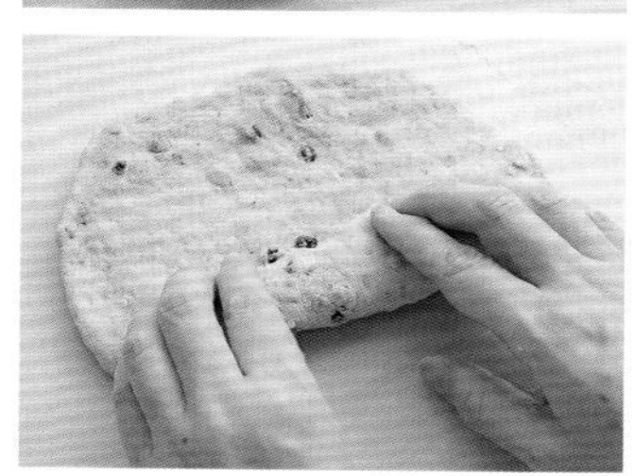

C) 用擀面杖将面团擀开，卷成如图D所示的形状。

D) 图为面团醒发之前的样子，将卷好的面团接缝处向下放置在烤盘中。

E) 图为面团醒发后的样子，面团膨胀为原来体积的$1\frac{1}{2}$倍就可以了。

F) 用锋利的刀为面团割包，下刀时要果断，注意不要破坏面团的形状。

C'EST TRÈS
MERCI
NOUS
À VOTRE
TCHIN
À NOTRE
TOUT
PASSE

甜面包之 豆沙面包

sweet bean paste bread

这款面包皮薄馅大，人气颇高。它酥软香脆的外皮下包满了香甜细腻的豆沙馅，这是手工制作的面包独有的味道。

原材料（参考分量：8个）	
面团	
高筋面粉	200g
低筋面粉	50g
盐	3g
干酵母	3g
绵白糖	30g
无盐黄油	20g
鸡蛋（中）	1个（50g）
牛奶	70ml
水	50ml
豆沙馅（市面上销售的成品）	280g
白芝麻	适量
刷面	
蛋液	适量

做法

1. 将制作面团的所有原材料依次放入面包桶，选择“发面团程序”，然后启动开关，将初发酵的时间设定为40分钟。
2. 初发酵结束后，将面团取出，放在撒有面粉的案板上，等分为8份，分别揉圆。然后在面团上盖一块湿布，静置10分钟。
3. 将豆沙馅搓成8个小球。
4. 用擀面杖将步骤2的面团擀成小圆片（图A），然后在面片中央放上步骤3中的馅料并包好（图B、C），将封口处向下放在铺有烘焙纸的烤盘上（图D）。然后盖上湿布，放在30℃左右的环境下醒发30分钟左右。
5. 醒发结束后，用手指在面团中央戳一个小孔（图E），在面团表面刷上刷面用的蛋液，并撒上适量的白芝麻（图F），放入预热到180℃的烤箱中烘焙12～15分钟。
6. 烘焙完成后，立即取出面包，放在冷却架上冷却。

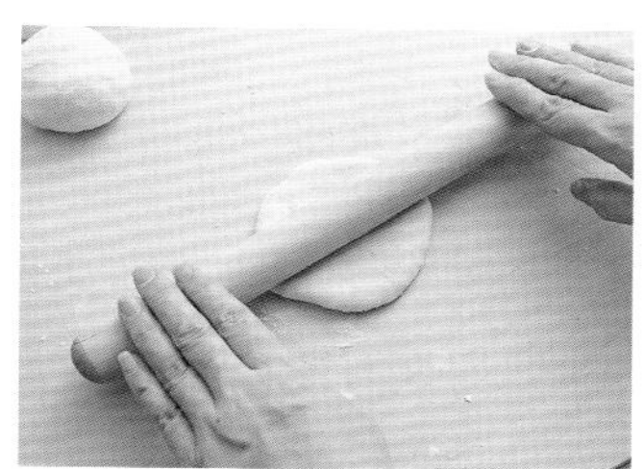

A) 静置后，将面团擀成小圆片。

B) 将搓成球的豆沙馅放在面片中央，像包包子一样将馅料包在其中。

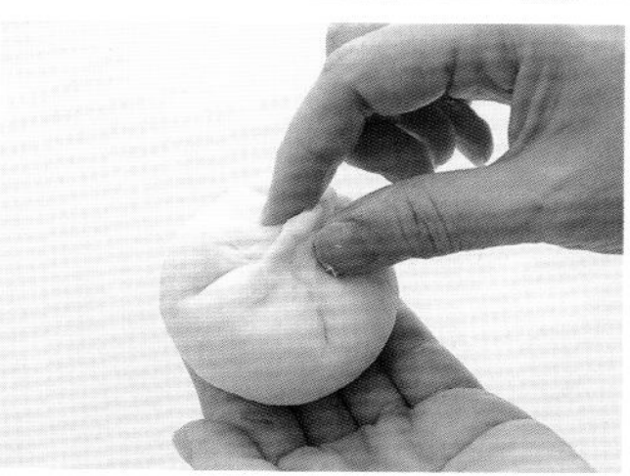

C) 捏紧封口处，用手再调整一下整体的形状。

D) 将面团封口处向下放在烤盘上醒发，面团和面团之间要留出足够的距离。

E) 醒发结束后，用手指在面团中央戳一个小孔。

F) 在面团表面刷上刷面用的蛋液，撒上适量的白芝麻，增加味道。

咸面包之

咖喱面包

curry bread

这款面包中的咖喱馅料是自己动手制作的，可以尽情地添加肉馅，所以做出来的面包馅料很足，吃起来令人满意。

原材料（参考分量：8个）

面团	
高筋面粉	180g
低筋面粉	70g
盐	5g
干酵母	3g
绵白糖	20g
鸡蛋（中）	1个（50g）
水	120ml
咖喱馅料	
肉馅	300g
洋葱	$^{1}/_{2}$个
大蒜、生姜	各1块
番茄罐头	1罐（400g）
咖喱块	80g
盐、胡椒粉、色拉油	适量
蛋液、面包屑、油	适量

做法

1 将制作面团的所有原材料依次放入面包桶，选择“发面团程序”，启动开关，将初发酵的时间设定为40分钟。

2 初发酵结束后，将面团取出，放在撒有面粉的案板上，等分为8份，分别揉圆。在面团上盖一块湿布，静置10分钟。

3 将洋葱、大蒜、生姜剁碎，用色拉油炒出香味，再拌入肉馅一起炒。然后倒入番茄罐头，加热后倒入咖喱块，焖至水分完全蒸发，再加入盐和胡椒粉调味。

4 用擀面杖将步骤**2**的面团擀成椭圆形面片，将步骤**3**的馅料放在面片上，用手蘸水将面片的边缘润湿（图**A**）。然后像包饺子一样，将咖喱馅紧紧地包在面片内，捏紧封口处（图**B**）。然后将面团封口处向下放置，并用手调整面团的形状（图**C**），使其看起来更加匀称。最后在面团上盖一块湿布，放在30℃左右的环境中醒发30分钟左右。

5 将面团在蛋液中蘸一圈（图**D**），再撒上一层面包屑（图**E**），然后放入180℃的热油中油炸（图**F**）。

A 在面片的边缘抹上一些水可以增加面片的黏性，使封口处不至于松开。

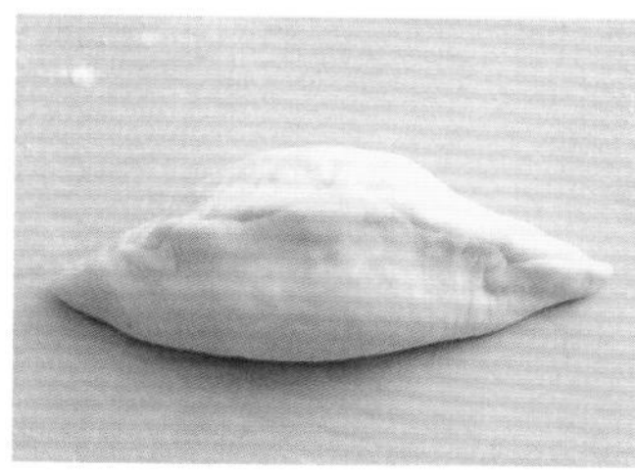

B 在封口的时候要用力些，尽量捏得结实一些。

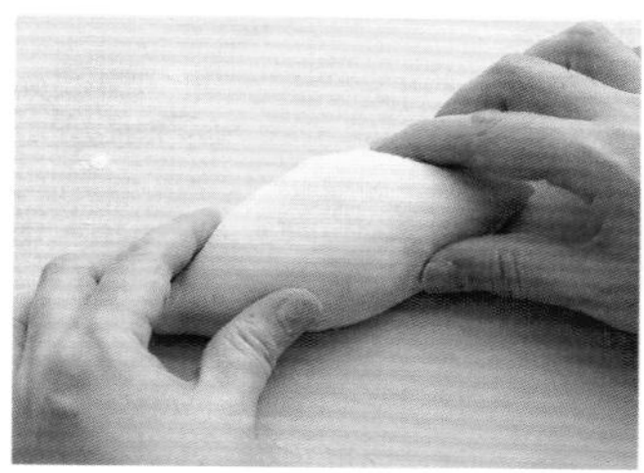

C 将面团封口处向下放置，用手将面团的形状调整得匀称一些，动作要轻柔。

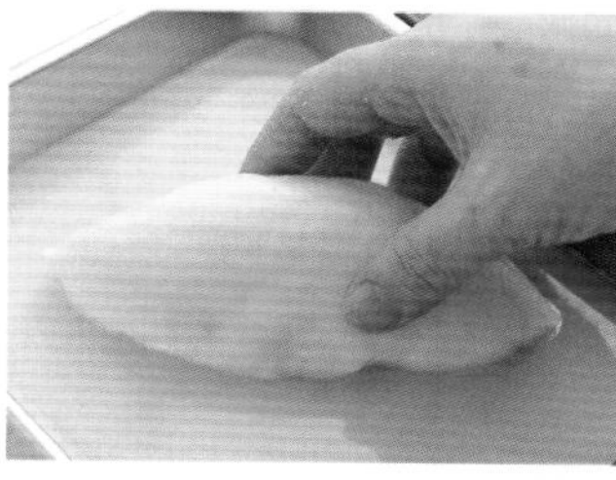

D 将面团在蛋液中蘸一圈。

E 在面团上撒一层面包屑。操作时要轻拿轻放，因为这个时候面团很软，形状很容易被破坏。

F 入锅油炸时，通常以每次2个为宜。在炸的过程中，不要经常翻动面包。面包需要炸至表面变为金黄色。

面包的味道往往需要借助酱汁才能发挥得淋漓尽致。

DIY酱

刚出炉的面包配上果酱或奶油酱，味道顿时更上一层楼。这里介绍了多种果酱和奶油酱的制作方法，其原材料的选择范围很广，既可以是一些常见的时令水果，也可以是一些平时很少使用的配料。总之，自制酱汁的色彩丰富，风格多样，不同口味的酱可以搭配不同类型的面包，你可以根据自己的需要自由选择！

温馨小提示：要把握熬制果酱的分寸，不要熬得过头了！

原材料（250ml）	
蓝莓（生的或冷冻的）	250g
砂糖	130g
柠檬汁	1 大勺

1 将所有原材料放入锅中，等到混合物中的水分充分渗出后，用大火煮。

2 混合物沸腾后，改用中火，除去锅内漂浮的杂质，煮20 分钟左右。煮好后，将果酱趁热装进瓶里。

★本配方中砂糖的用量不是很多，如果按照这个配方制作的话，做出来的果酱味道比较清淡，而且必须放入冰箱保存，并在2周内食用完毕。但是如果提高砂糖的用量，使其为蓝莓用量的80%，那么做出来的果酱可以保存3个月左右。

杏子果酱

酸酸甜甜好滋味！

原材料（400ml）	
杏（生）	300g
绵白糖	180g
柠檬汁	$^1/_2$ 个柠檬

1 先用热水将杏冲洗一遍，然后用冷水清洗，这样可以把杏表面的细绒毛去掉。然后将杏从中间切开，去核后放入锅中，并放入糖和柠檬汁，等待 30 分钟左右。

2 等杏里的水分渗出后，用大火将混合物煮沸。然后改用小火，除去锅内漂浮的杂质，煮至混合物变得黏稠。煮好后，将果酱趁热装入瓶中。

下面介绍几种百搭的果酱

双莓果酱

同时使用了两种不同的莓，果酱也可以拥有奢华的味道。

原材料（600ml）	
草莓	300g
覆盆子（冷冻）	200g
绵白糖	250g
柠檬汁	1个柠檬

1. 将草莓洗净后去蒂，小草莓可以直接使用，大草莓切成两半后使用。
2. 将所有原材料放入锅中，等待30分钟。等水果中的水分渗出后，用大火将混合物煮沸，然后改用小火，除去锅内漂浮的杂质，煮至混合物变得黏稠。煮好后，将果酱趁热装入瓶中。

无花果果酱

加热后与凉着吃的味道完全不同。

原材料（400ml）	
无花果（生）	300g
绵白糖	180g
柠檬汁	1个柠檬

1. 将无花果洗净后去皮，每颗切成4份。
2. 将无花果、糖、柠檬汁和1勺波尔图葡萄酒（如果有）放入锅中，等待30分钟。等到锅内产生足够的水分后，用大火将混合物煮沸。然后改用小火，除去锅内漂浮的杂质，煮至混合物变得黏稠。煮好后，将果酱趁热装入瓶中。

苹果酱

用当季的苹果制作果酱一定会很好吃。

原材料（400ml）	
苹果	300g
绵白糖	150g
柠檬汁	1/2个柠檬

1. 将每个苹果等分为8份，去皮去核后切成薄片。
2. 将苹果、柠檬汁、半根香草荚（如果有）放入锅中，等待30分钟。
3. 当锅内产生足够的水分后，用大火将混合物煮沸。然后改用小火，除去锅内漂浮的杂质，煮至混合物变得黏稠。煮好后，将果酱趁热装入瓶中。

番茄葡萄干果酱

番茄的酸味与葡萄干的甜味十分搭配。

原材料（750ml）	
番茄（大）	5 个
绵白糖	70g
柠檬汁	1 个柠檬
葡萄干	50g

1 将番茄用热水焯一下，去皮后切成大块，去掉里面的籽。

2 将番茄、糖、柠檬汁放入锅中，等待 30 分钟。等番茄内的水分充分渗透出来后，用大火将混合物煮沸。然后改用小火，除去锅内漂浮的杂质，煮至混合物变得黏稠。

3 在关火之前放入葡萄干，稍微煮一下即可关火，然后趁热将做好的果酱装入瓶中。

葡萄酒樱桃果酱

具有成熟风韵的酒红色果酱。

原材料（450ml）	
美国樱桃（普通樱桃）	300g
砂糖	180g
柠檬汁	1/2 个柠檬
葡萄酒	30ml

★在葡萄酒中，像黑比诺这样果味比较重的葡萄酒比较适合用来做果酱。

1 将樱桃洗净后去蒂，从中间一分为二，去核后放入锅中，与砂糖和柠檬汁搅拌均匀，等待 30 分钟。

2 当樱桃内的水分渗出后，用大火将混合物煮至沸腾。然后改用中火，除去锅内漂浮的杂质，慢慢煮。

3 待锅内的混合物变得黏稠后，倒入葡萄酒，再次煮至沸腾，然后关火，趁热将做好的果酱装入瓶中。

芒果菠萝果酱

用两种热带水果做成的混合果酱。

原材料（750ml）	
芒果（果肉）	200g
菠萝	300g
绵白糖	350g
柠檬汁	1 个柠檬
红胡椒粉	适量

1 将芒果切成 2 厘米见方的小方块，将菠萝切成 2 毫米宽的长条。

2 向锅里加入步骤 1 的水果、糖和柠檬汁，混合搅拌后放置 30 分钟。待锅内的水果渗出水分后，用大火将混合物煮至沸腾，然后改用小火。在用小火煮制的过程中，需要不断地搅拌混合物，并除去锅内漂浮的杂质。

3 在关火之前，放入红胡椒粉，稍微煮一下即可关火，然后趁热将做好的果酱装入瓶中。

简易面包的好搭档浓香果酱

柚子果酱

重温冬天的味道。

原材料（400ml）	
柚子	300g
粗糖	180g
柠檬汁	1个柠檬

1. 将柚子洗净后去皮，将皮和果肉分别放置。然后将柚子皮切成小细丝，放入水中煮3次，使柚子皮软化并去除其中的苦味。再用水果刀将包裹着果肉的白色薄膜一点点削去，并去掉里面的种子，将果肉切成大块。
2. 将步骤1中处理好的果皮和果肉放进锅中，放入糖和柠檬汁，用中火将混合物煮沸，然后用小火继续煮。煮的时候需要不停地用勺子搅拌，并除去锅内漂浮的杂质，直至混合物变得黏稠为止。最后，将做好的果酱趁热装入瓶中。

桃子果酱

又甜又香。

原材料（400ml）	
桃	300g
绵白糖	150g
柠檬汁	1个柠檬
粗粒红胡椒粉	1小勺

1. 将桃放进滚烫的开水中焯一下，去皮后从中间切成两半，去掉核，将果肉切成3厘米见方的小块。
2. 将处理好的桃和柠檬汁、糖、半根香草荚（如果有）放入锅中，搅拌均匀后放置30分钟左右。等到桃里的水分渗出后，用中火将混合物煮沸，然后改用小火继续煮。煮的时候需要不停地用勺子搅拌，并除去锅内漂浮的杂质，直至混合物变得黏稠为止。在关火之前撒上红胡椒粉，搅拌均匀后即可关火。最后，将做好的果酱趁热装入瓶中。

肉桂橙子果酱

带有异国情调。

原材料（400ml）	
橙子	300g
砂糖	180g
柠檬汁	1个柠檬
肉桂粉	1小勺

1. 将橙子洗净后去皮，将果肉部分去籽并削去白色的薄膜。然后将果肉切碎，放进锅中，再放入糖和柠檬汁，搅拌均匀后放置30分钟左右。
2. 等到橙子渗出足够的水分后，用大火将混合物煮沸，然后改用中火继续煮。煮的时候需要不停地用勺子搅拌，并除去锅内漂浮的杂质。
3. 当混合物变得黏稠时，加入肉桂粉，稍加搅拌便可关火。最后，将做好的果酱趁热装入瓶中。

使面包摇身一变成为甜品的奶油酱

奶油酱

恋上醇厚的奶香味。

原材料（350ml）	
牛奶	400ml
鲜奶油	100ml
绵白糖	100g
炼乳（含糖）	100g

将所有原材料放入锅中，如果有的话，再放入一小撮小苏打，搅拌均匀。用大火将混合物煮沸，然后改用小火，煮的时候需要不停地用勺子搅拌以防粘锅。将水分煮至原先的一半左右（1个小时左右）即可，然后将做好的奶油酱趁热装入瓶中。

★放入小苏打后，水分更容易蒸发。如果没有炼乳的话，也可以用200毫升鲜奶油加150克绵白糖代替。

奶油焦糖酱

浓郁顺滑、甜蜜味美。

原材料（200ml）	
鲜奶油	100ml
绵白糖	100g
水	50ml

1. 将鲜奶油放在常温下。
2. 将糖和水放进锅里，一边搅拌一边用小火慢慢熬，待到糖浆变成焦红色时，立刻关火。然后将鲜奶油分成3～4次倒入锅中，搅拌均匀。（在搅拌的过程中，注意不要被水蒸气烫伤。）
3. 做好后，将果酱趁热装入瓶中，冷却后放入冰箱保存，保质期大约为1个月。

自制果酱的基本要领以及保存方法

基本要领

向锅里放入原材料和糖，待水果中的水分充分渗出后，便可以开始煮，煮至水分全部蒸发为止。煮的温度以105～107℃为宜，最好能使混合物始终保持沸腾的状态。如果火力太弱的话，水果的颜色会变得难看。注意：混合物沸腾时可能喷溅出来，因此操作时需要小心谨慎。

煮好后，可以先盛出一点儿品尝一下。如果顺滑可口的话，那么基本上就算是制作成功了。

★有的面包机带有果酱制作程序。如果用这类面包机制作果酱的话，可以将所有原材料一起放进去，然后简单地选择程序并启动开关就可以了。

保存方法

先将装果酱的瓶子和瓶盖用洗洁精清洗干净，然后放入沸水中消毒，再用干净的布擦干水。将果酱趁热装入瓶中，然后将瓶子密封并倒置地放入冰箱中冷藏。

果酱一旦开封，就需要尽早食用完毕。

第6章 点心和其他面食

和面和搅拌是面包机的强项，我们可以充分利用这一优势，用面包机来制作除面包以外的面食，如派、蛋糕、意大利面、乌冬面、饺子皮……一旦有了面包机，我们就可以轻松制作这些平常做起来颇费工夫的面食了。用面包机来制作这些小吃和点心可以为你带来手工制作特有的快感和满足感。

奶油泡芙

cream puff

用面包机做好面团后，制作泡芙就变得简单多了。我们还可以亲手制作里面填充的奶黄酱，使味道更有保证。

原材料（参考分量：10 个）	
泡芙外皮	
低筋面粉	60g
鸡蛋（中）	2 个（100g）
无盐黄油	40g
牛奶	50ml
水	50ml
盐	1g
奶黄酱	适量

1 制作泡芙外皮。将面粉用筛子筛好，黄油切成小块，鸡蛋打成蛋液。

2 将水、牛奶、盐和黄油一起放进锅里，用大火煮至沸腾，然后关火。向锅里倒入步骤 1 中的面粉，并用木勺快速搅拌，使面粉和水完全混合在一起（图 A）。

3 接着用小火继续加热，加热过程中需要不停地搅拌面糊，以免粘锅。当锅底出现一层薄膜时，就可以把锅从炉子上取下来了。

4 把锅里的面糊倒入面包桶，然后选择“发面团程序”，并让机器跳过初发酵这一步。

5 将蛋液分成若干次倒入面包桶（图 B）。在制作面团的过程中，可以用刮板测试面团的发酵效果。当面团没有那么黏之后，就可以关闭面包机的开关了。（蛋液可能有剩余。）

6 用带有直径为 1 厘米的圆形裱花嘴的裱花袋将面糊挤到铺有烘焙纸的烤盘上，挤成直径为 4 厘米的圆形（图 C）。在面糊表面涂上蛋液或水（不计入用量），用叉子将其顶部轻轻按平（图 D）。

7 将烤盘放入预热到 200℃的烤箱内烘焙 30 分钟，烤至泡芙外皮变为黄褐色。然后将烤好的泡芙外皮取出，放冷却架上冷却（图 E）。

8 当泡芙外皮完全冷却后，用刀将其 1/3 切开，填入奶黄酱（图 F），泡芙就做好了。

A 将水、牛奶、盐、黄油一起放入锅中加热，然后倒入低筋面粉，让它们混合均匀。

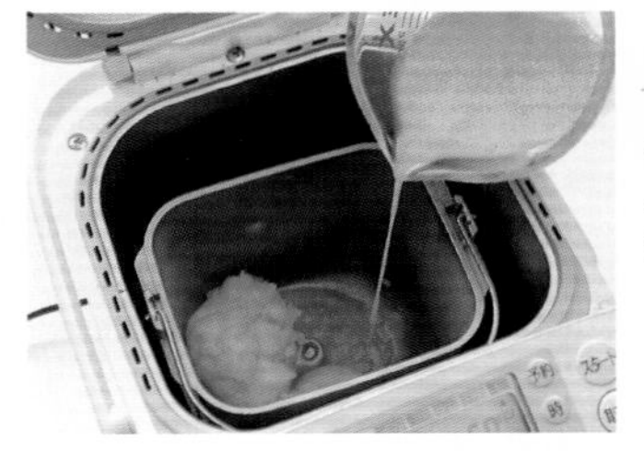

B 将蛋液分若干次倒入，以便调整面团的硬度。

C 用裱花袋将面糊挤在铺有烘焙纸的烤盘上。

D 在面糊表面涂一层蛋液或水，并用叉子将其顶部按平。

E 泡芙外皮烘焙完成后，应该立即将其取出，放在冷却架上冷却。

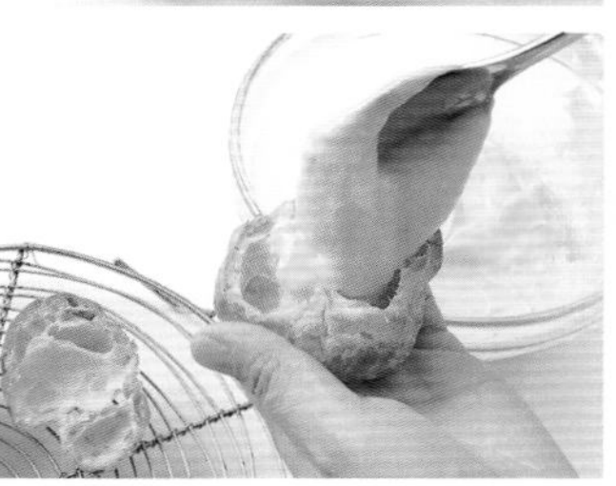

F 待泡芙外皮冷却后，将其切开，填入奶黄酱。

奶黄酱

原材料	
蛋黄	3个
绵白糖	60g
低筋面粉	25g
牛奶	250ml
香草精	少量
无盐黄油	20g

做法

1 将糖加入蛋黄液中搅拌，然后用筛子筛进低筋面粉，继续搅拌。

2 将牛奶和香草精倒入锅内，加热至接近沸腾的状态，然后放入步骤1的混合物，搅拌均匀。用筛子将混合物过滤一遍，倒回锅中继续加热。为了防止粘锅，在加热过程中需要不停地搅拌，直至混合物最终变成奶油状为止。

3 当不断有气泡冒出时，关火并放入黄油，充分搅拌。然后将制作好的奶黄酱盛出来放凉，再盖上保鲜膜，放入冰箱冷藏。

甜点之 甜甜圈

doughnut

用面包机和好面团后，制作甜甜圈就变得简单多了，下面给大家介绍一种甜甜圈的经典做法。

原材料（参考分量：8个）

面团	
高筋面粉	100g
低筋面粉	100g
绵白糖	40g
盐	3g
干酵母	3g
无盐黄油	20g
鸡蛋（中）	1个（50g）
牛奶	90ml
糖浆	
糖粉	80g
水	10ml
油	适量

做法

1 将制作面团的所有原材料依次放入面包桶，选择“发面团程序”，然后启动开关，将初发酵的时间设定为40分钟。

2 初发酵结束后，将面团取出，放在撒有面粉的案板上，等分为8份。在面团上盖一块湿布，静置10分钟。

3 之后，在面团的中央用筷子戳一个小洞（图A），并不停地转动筷子。然后用手指将洞进一步撑开，最终做成如图B所示的环形。

4 将1张烘焙纸按照8厘米×8厘米切分成8张正方形纸片，分别放上步骤3中整形完毕的面团（图C）。在面团上盖一块湿布，放在30℃左右的环境下醒发30分钟。

5 将醒发好的面团放入预热到180℃的热油中，用筷子不停地轻轻搅动，一直炸到两面都变成金黄色为止（图D、E）。

6 将糖粉和水拌匀，调制成糖浆，用甜甜圈的其中一面蘸糖浆（图F）。

A) 将筷子扎在面团的正中央，然后用一只手固定面团，另一只手不停地转动筷子，使面团中央形成一个小洞。

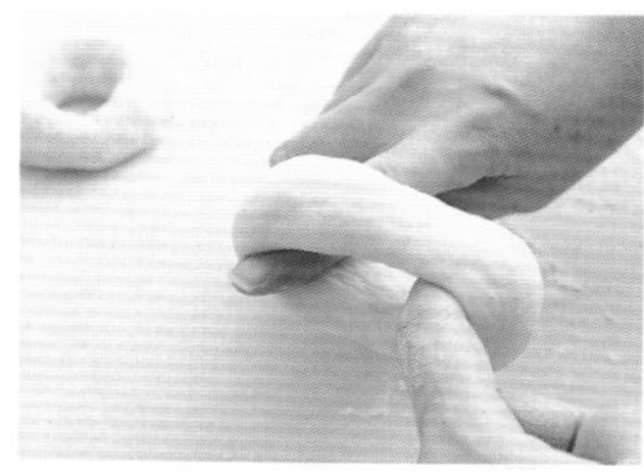

B) 用双手手指将小洞进一步撑开，做成环形。

C) 将整形完毕的面团放在烘焙纸上，这样移动起来会更加方便。

D) 将面团放入油锅后，将筷子插在面团的圆环中间，轻轻地搅动面团以免圆环收缩。

E) 炸至面团双面呈金黄色，然后将面团从油锅中捞出，放在铁架上沥干多余的油。

F) 待甜甜圈冷却后，用它的其中一面蘸糖浆。

维也纳苹果卷

apfelstrudel

维也纳苹果卷是维也纳特有的一种点心，它的外皮薄而脆，含油量不高，吃起来爽口而不腻；里面卷的主要是酸酸的苹果，还有葡萄干和肉桂粉，味道很丰富。赶快动手来做一下吧！

原材料（参考分量：8个）

面团

高筋面粉	80g
低筋面粉	40g
盐	一小撮
鸡蛋（中）	1/2个（25g）
色拉油	1小勺
水	30ml

馅料

苹果	2个
葡萄干	30g
面包屑	50g
绵白糖	30g
柠檬汁	1大勺
肉桂粉	少量
无盐黄油	30g
糖粉	适量

TIPS:

除了购买现成的面包屑外，我们也可以家庭自制面包屑，将手头的干面包放入食品加工机中搅碎即可。

做法

1 将制作面团用的所有原材料依次放入面包桶，选择“发面团程序”，启动开关。当面团初步成形后，立刻关闭开关，让面团静置30分钟左右。

2 在此期间，制作馅料。将苹果去皮后切成三角形的薄片，放入碗中，接着放入其他制作馅料用的配料，搅拌均匀（图A）。

3 将静置好的面团置于2张烘焙纸之间，然后用擀面杖将其擀成25厘米×30厘米的薄面片（图B）。提前将黄油放在室温下熔化，此时将其刷在面片表面（图C），然后铺上馅料开始卷。每卷一圈都要刷一次黄油（图D），最后将面团卷成圆筒状，将圆筒的两端捏紧（图E）。

4 卷完后，在圆筒表面刷一层黄油，将其放在铺有烘焙纸的烤盘上，然后放入预热到200℃的烤箱内烘焙30分钟（图F）。烘焙完成后，取出苹果卷，放在冷却架上，待放凉后将其切成小段，并撒上糖粉。

A) 将切好的苹果与其他制作馅料用的配料一起搅拌均匀。

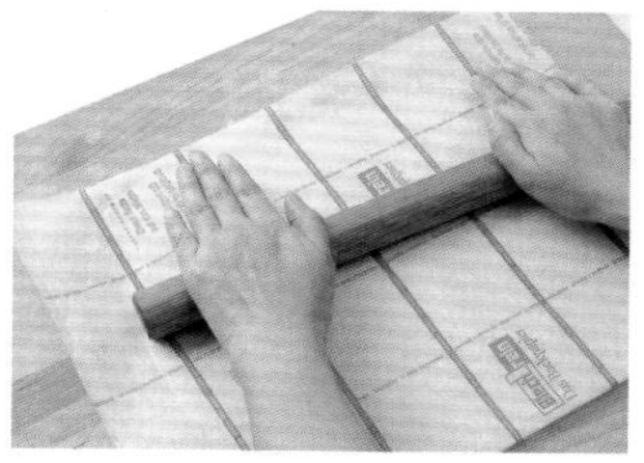

B) 将面团放在2张烘焙纸之间擀，擀出来的面片会更薄。

C) 在面片上均匀地刷上黄油。

D) 放上馅料，一边卷一边刷黄油。

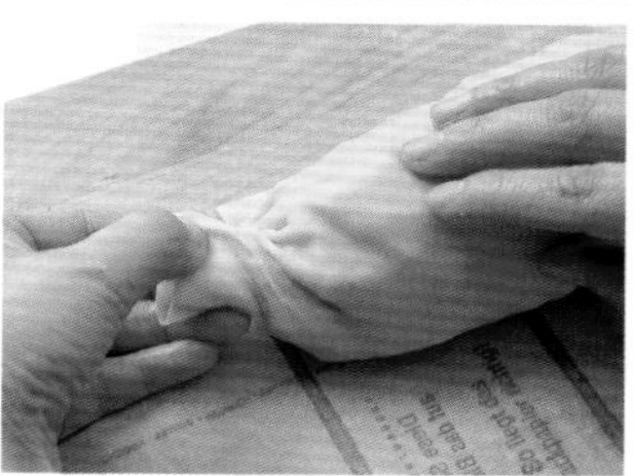

E) 卷好后，将圆筒状面团的两端捏紧。

F) 将苹果卷放在烤盘上，放入烤箱烘焙30分钟，烤至苹果卷表面呈黄褐色为止。

纽约奶酪蛋糕

baked cheese cake

这是一款主要用奶酪和酸奶油制成的奶酪蛋糕，又叫纽约奶酪蛋糕。它的口感比一般的奶酪蛋糕更为扎实厚重，是奶酪爱好者不容错过的一款美味。

原材料（参考分量：1个）	
奶油奶酪	250g
酸奶油	120g
砂糖	100g
鸡蛋（中）	1个（50g）
鲜奶油	100ml
低筋面粉	20g
玉米粉	20g
柠檬汁	2大勺
香草油	少量

1 将奶油奶酪（图A）与酸奶油（图B）放在室温下软化，再将鸡蛋打成蛋液，将低筋面粉和玉米粉放在筛子里。

2 将奶油奶酪放进大容器里，轻轻地搅拌，再依次倒入砂糖、酸奶油，搅拌均匀。最后一点点地倒入蛋液，继续搅拌均匀。

3 向混合物中倒入鲜奶油、香草油和柠檬汁，并将筛子里的面粉和玉米粉筛入。然后，将容器里的所有原材料一起倒入面包桶（图C），选择“蛋糕制作程序”，启动开关，开始搅拌。

4 搅拌步骤结束后，立刻从面包机中取出面包桶，并在桶口蒙一层不透气的锡纸（图D），然后将其放回面包机里烘焙。（请小心操作，以免烫伤。）

5 烘焙完成后，将蛋糕留在面包机内晾凉，然后取出，放入冰箱冷藏。吃的时候可以切成小块食用。

A）有些奶油奶酪的奶酪味偏重（有些酸），有些奶油味偏重，可以根据个人喜好自由选择。

B）酸奶油是由鲜奶油加入乳酸菌后发酵而成的，它的酸味很重。

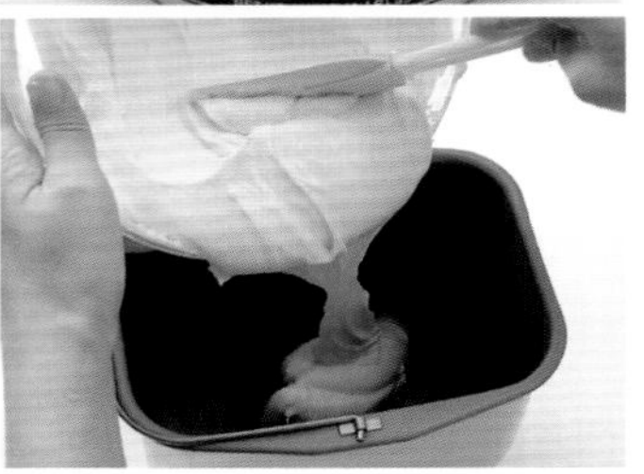

C）将所有原材料搅拌均匀后再倒入面包桶，这样做出来的奶酪蛋糕口感会更加顺滑。

D）在面包桶的桶口蒙一层不透气的锡纸，做出来的蛋糕表面会比较平整。

E）这是做好了的奶酪蛋糕。将锡纸取下，然后将蛋糕留在面包桶内晾凉。

香草油是含有香草味道的油。与香草精相比，香草油的香味不容易挥发，持续时间更长，因此适合用来制作面包和点心。

小吃之 咸蛋糕

salty cakes

咸蛋糕的吃法多样，既可以当做小吃，也可以搭配酒来食用，还可以当做主食，不同的吃法带来了不同的乐趣。

橄榄火腿咸蛋糕

olive&ham salty cake

原材料（参考分量：1个）	
低筋面粉	200g
泡打粉	10g
鸡蛋（中）	3个（150g）
牛奶	120ml
磨碎的奶酪	100g
橄榄油	100ml
盐、胡椒粉	少量
火腿	100g
橄榄（去籽）	50g

做法

1 将鸡蛋打散，火腿切成小丁，再将低筋面粉和泡打粉一起过筛。

2 将步骤1中筛好的面粉与泡打粉以及牛奶、奶酪、橄榄油、蛋液一起倒入面包桶，并撒上盐和胡椒粉，然后选择“蛋糕制作程序”，启动开关。

3 搅拌步骤结束后，将火腿和橄榄放入面包机，进行烘焙。烘焙完成后，立即从面包桶中取出蛋糕，放在冷却架上冷却。

蛋液需要事先搅拌均匀。

西葫芦土豆咸蛋糕

zucchini&potato salty cake

原材料（参考分量：1个）	
低筋面粉	200g
泡打粉	10g
鸡蛋（中）	3个（150g）
牛奶	120ml
磨碎的奶酪	100g
橄榄油	100ml
盐、胡椒粉、肉豆蔻	少量
马铃薯	1个
西葫芦	1根
粗粒胡椒粉	适量

做法

1 将鸡蛋打散，将低筋面粉和泡打粉一起过筛。

2 将除西葫芦和土豆之外的原材料一起倒入面包桶，选择“蛋糕制作程序”，启动开关。

3 将土豆切成小块，西葫芦切成8毫米厚的小圆片，分别放入耐热容器，用保鲜膜蒙好，然后用微波炉加热2分钟（分开加热）。

4 当面包机的搅拌步骤结束后，将加热过的土豆块放入面包桶，迅速搅拌。然后在面团上方整齐地摆上西葫芦片，并撒上胡椒粉，开始烘焙。烘焙完成后，立即从面包桶内取出蛋糕，放在冷却架上冷却。

将土豆块倒入面包机后，迅速搅拌一下，然后再整齐地摆上西葫芦片。

日式肉夹馍

Japanese white bun

这款小吃的面团与普通包子的面团一样，食用时既可以在中间夹上馅，也可以什么都不夹，直接食用。

原材料（参考分量：8个）

面团	
高筋面粉	100g
低筋面粉	200g
盐	2g
干酵母	3g
绵白糖	20g
泡打粉	1小勺
水	170ml
芝麻油	1大勺
馅料	
叉烧肉、葱白、甜面酱、香菜等	适量

1 将所有原材料放入面包桶，选择“发面团程序”，启动开关。

2 搅拌步骤结束后，将面团取出，放在撒有面粉的案板上，等分为8份，分别揉圆。然后在面团上盖一块湿布，静置10分钟。

3 用擀面杖把小面团擀成椭圆形的面片，并在上面涂上芝麻油（不计入用量）（图**A**），然后将面片折起（图**B**）。不要将面片完全对折，面片两端要错开1厘米左右。

4 然后将整形好的面团放在剪裁好的烘焙纸上（图**C**），放在30℃左右的环境下醒发15分钟。

5 等到面团膨胀为原来体积的2倍时，可以将其放上蒸笼，蒸12分钟左右出锅。

TIPS:
将馅料和馍分开放置，食用时可以根据需要自行夹入馅料。

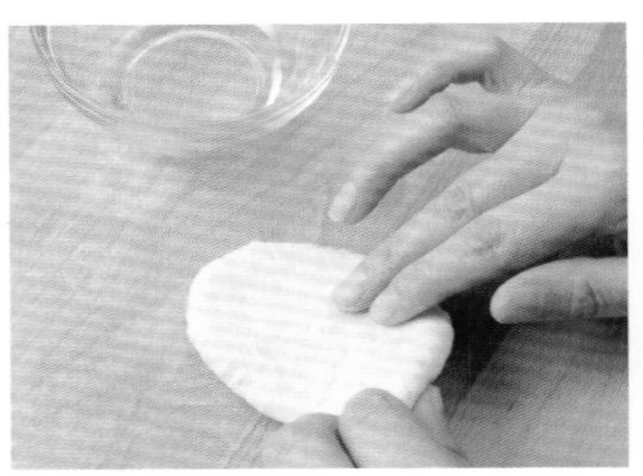

A) 为了在夹入馅料时能够很容易地从中间掰开，可以在面片上涂薄薄的一层芝麻油。

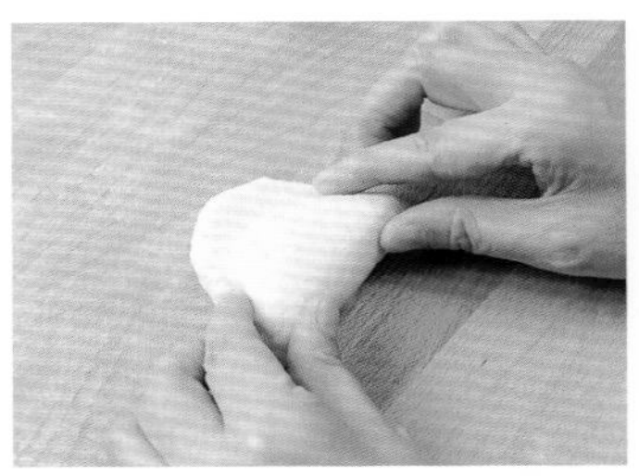

B) 对折时，将面片两端错开1厘米左右。

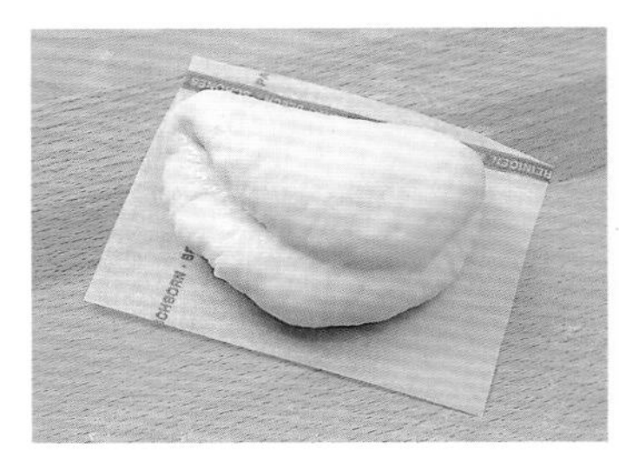

C) 为了防止馍在蒸的过程中粘在笼屉上，可以在馍的下面垫一张烘焙纸。

在和面时放入一些泡打粉，制作出来的馍会显得更膨松。

中国的面包

包括肉夹馍在内的馒头类面食可以看做“中国式面包”。除了馍之外，还有将面团捏成细长状并卷在一起的“变形馒头”——花卷，以及带馅儿的“馒头”——包子。由于馅料千变万化，包子的种类也像面包一样多种多样。

包子的面团通常用中筋面粉来制作，但在本配方中，我们将高筋面粉和低筋面粉混合起来使用。此外，传统包子的面团也不用干酵母来发酵，而是用一种叫“老面团”的酵头来发酵。

煎饺

fried dumplings

家庭自制的饺子不知比市面上卖的饺子要好吃多少倍！面包机省去了手工和面的步骤，因此制作饺子皮就变得轻松多了。试试在家里做出好吃的煎饺吧！

原材料（参考分量：24 个）	
面团	
高筋面粉	150g
低筋面粉	50g
开水	120ml
盐	1/3 小勺
馅料	
猪肉馅	200g
卷心菜	3 片
葱	10cm
韭菜	1/2 束
盐	少量
A	
姜末	1/2 小勺
酱油、芝麻油、土豆粉	各 1 小勺
色拉油、酱油、醋、辣椒油	适量

1 将制作面团的所有原材料放入面包桶，选择“发面团程序”，让机器跳过初发酵这一步，启动开关。和面完成后，取出面团，包上保鲜膜，静置 30 分钟（图 **A**）。

2 将制作馅料用的卷心菜切碎，并撒上盐腌渍，挤掉水分。再将韭菜和葱分别切碎。然后将韭菜、葱、腌渍的卷心菜和猪肉馅一起搅拌均匀。

3 取下步骤 **1** 中面团上的保鲜膜，将面团放在撒有面粉的案板上，搓成长条。然后将其等分为 24 份（图 **B**），分别用擀面杖擀成圆形的薄面皮（图 **C**）。将饺子皮放在手上，取适量饺子馅放在饺子皮上，把饺子皮捏在一起，并将其中一侧捏成花边状（图 **E**）。如果饺子皮粘不住的话，可以用指尖在它的边缘涂一点儿水（图 **D**）。

4 将色拉油倒入平底锅里，油热后开始煎饺子。当饺子变为黄褐色时，向锅里倒入 150 毫升热水（图 **F**），然后盖上锅盖。当水分完全蒸发后，煎饺就做好了。吃的时候，可以蘸着用酱油、醋和辣椒油做成的调料。

A)

静置后，面团的质地会变得更加均匀，而且也更容易擀平。

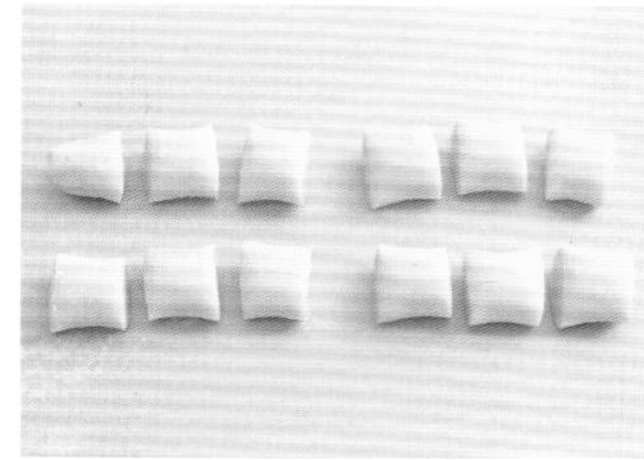

B)

将面团搓成长条后，从中间一分为二，再分别切成 12 段，这样就得到了 24 块小面团。

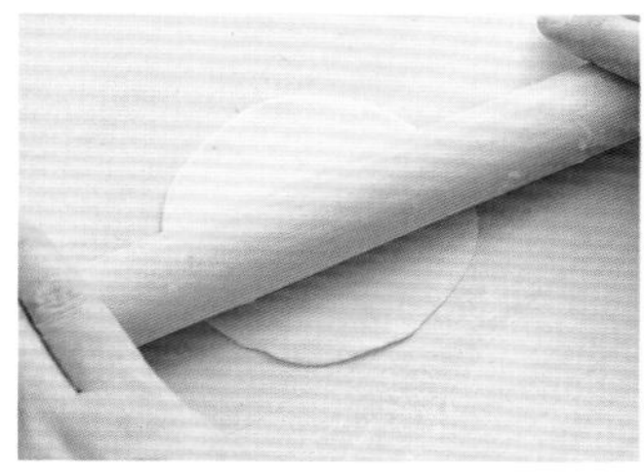

C)

一手握住面团边缘，一手按着擀面杖，将面团擀成圆形的薄面片，再用擀面杖将面片的中间擀平，防止其受热不均。

D)

如果饺子皮粘不住的话，可以用指尖在它的边缘涂一点儿水。

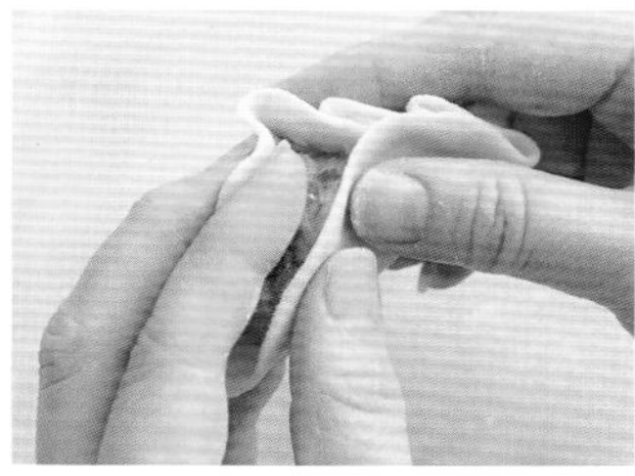

E)

把饺子皮捏在一起，并将其中一侧捏成花边状。

F)

当饺子变为黄褐色时，向锅里倒入热水，继续煎。

番茄比萨饼

simple tomato pizza

这款比萨饼简约但不简单，馅料扎实，饼皮香脆，让人垂涎欲滴。

原材料

面团（参考分量：4 块）	
高筋面粉	240g
低筋面粉	100g
盐	10g
干酵母（$^1/_6$ 小勺）	0.5g
水	190ml
比萨酱（参考分量：1 块比萨饼）	
番茄酱（参照下页）	3 大勺
番茄	$^1/_2$ 个
马苏里拉干酪	100g
罗勒（新鲜）	4 片
橄榄油	适量

1 将制作面团的所有原材料放入面包桶，选择“发面团程序”，启动开关，将初发酵的时间设定为 40 分钟。

2 初发酵结束后，取出面团，放在撒有面粉的案板上，等分为 4 份，分别揉圆。然后用保鲜膜包上面团，放入冰箱中冷藏 4 ~ 5 小时。（因为使用的酵母比较少，所以面团可以在冰箱中冷藏保存 2 ~ 3 天，也可以冷冻保存）。然后取出面团，盖上布，静置 20 分钟。

3 用拳头按压面团（图 A），将其按成直径为 20 厘米左右的面饼，边缘要留得相对厚一些。

4 在烤盘中铺上烘焙纸，放入面饼，在面饼的凹陷处涂上番茄酱（图 B）。将番茄过一遍开水后去皮，切成薄片，放在番茄酱上。再放上马苏里拉干酪和新鲜的罗勒（图 C），并淋上一层橄榄油。最后将比萨饼放入预热到 250℃的烤箱内烘焙 5 ~ 6 分钟。

将面团按压成面饼。先让其内部凹陷、边缘略厚，再沿着凹陷处将面团一点点地向外扩展。

将面饼放在烤盘上，在面饼的凹陷处涂上番茄酱。

然后依次放上番茄、奶酪和罗勒，放入烤箱烘焙。

DIY番茄酱

番茄酱可以一次性地多做一些，然后分成小份放入冰箱冷藏，它可以用于制作比萨酱和意大利面酱等。

做法

将橄榄油倒入平底锅，烧热后倒入蒜末翻炒，炒出香味后放入盐和番茄罐头（连汁倒入），用小火煮，直至水分大部分蒸发为止。

focaccia

佛卡夏是一种原产于意大利的扁平面包。它的味道简单，通常用作意大利菜的配餐。它上面通常装饰有橄榄和香草，味道咸咸的，也很适合搭配葡萄酒一起食用。

原材料（参考分量：10 个）

面团	
高筋面粉	300g
盐	5g
干酵母	5g
绵白糖	5g
橄榄油	2 小勺
水	200ml
装饰	
橄榄油	适量
橄榄（去核）、迷迭香、岩盐	适量

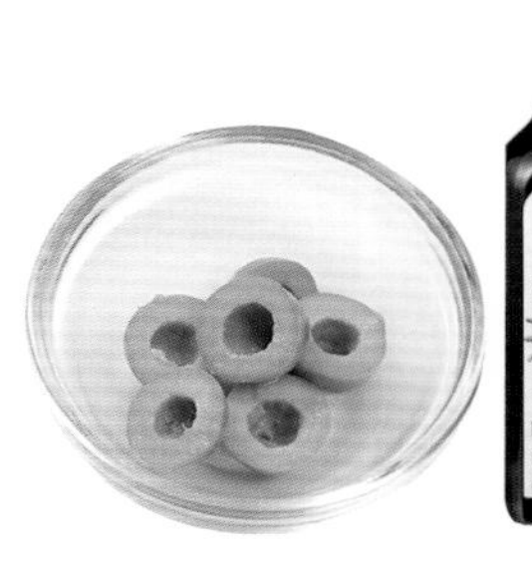

橄榄在使用前需要去核。橄榄油决定了面包的香味，可以根据自己的喜好进行自由选择。

1 将制作面团的所有原材料放入面包桶，选择“发面团程序”，启动开关，将初发酵的时间设定为 40 分钟。

2 初发酵结束后，取出面团，放在撒有面粉的案板上，等分为 10 份（图 A），分别揉圆。然后在面团表面盖一块湿布，静置 15 分钟。

3 静置后，再次将面团揉圆，用擀面杖将其擀成直径为 10 厘米的面片。然后将面片放在铺有烘焙纸的烤盘上，盖一块湿布，放在 30℃左右的环境下醒发 30 分钟。

4 当面团膨胀为原来体积的 2 倍时，在面团表面涂一层橄榄油，用手指将橄榄嵌入面片（图 B），再撒上迷迭香和岩盐（图 C）。最后，将面包放进预热到 190℃的烤箱内烘焙 10 ~ 15 分钟。烘焙完成后，立即将面包取出，放在冷却架上冷却。

A）为了使做出来的面包大小一致，在分割面团时，需要进行精确地称量。

B）用手指将橄榄嵌入面片。

C）这里使用的是颗粒较大的结晶状岩盐。迷迭香需要用手掰成细碎的小段后再撒在面包上。

蝴蝶结意大利面

egg pasta farfalle

利用面包机的面团制作功能来制作意大利面可以省去很多工夫。根据切法的不同，我们既可以做出长面条，也可以做出蝴蝶结形状的面条。

原材料（参考分量：4 ~ 5 人份）	
高筋面粉	100g
粗面粉	200g
盐	1 小勺
鸡蛋（中）	3 个（150g）
橄榄油	1 ~ 2 大勺

1. 将所有原材料一起放入面包桶，让机器跳过初发酵这一步，然后启动开关。（若面包机自带制作意大利面的专用搅拌刀，可以提前将它装上。）
2. 和面结束后，关闭开关，让面团静置 30 分钟（图 A）。
3. 取出面团，将其放在撒有面粉的案板上，等分为 4 份，用擀面杖将其分别擀成 2 毫米厚、12 厘米宽、30 厘米长的面片（图 B）。然后将面片切成 4 厘米 ×3 厘米的小面片（图 C），用手指捏紧面片中央，做成蝴蝶结形状（图 D）。在做好的蝴蝶结上撒大量面粉，防止它们粘在一起。

TIPS:

蝴蝶结做好后，立即在上面撒面粉，防止它们粘在一起。

A）和面结束后，让面团静置 30 分钟。

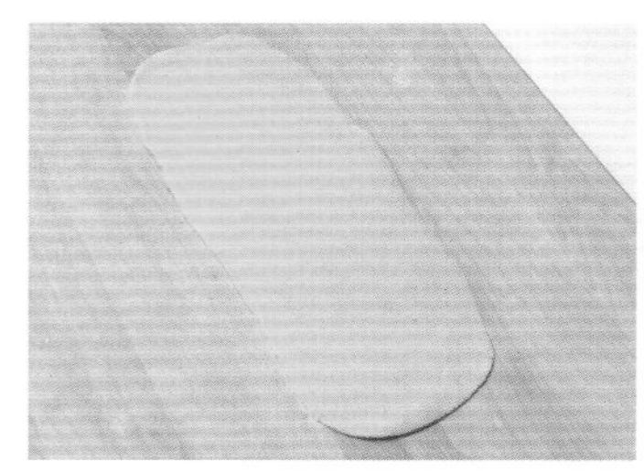

B）将面团擀成 2 毫米厚、12 厘米宽、30 厘米长的面片。

C）可以借助尺子来精确地切分面片。

D）用手将小面片捏成蝴蝶结形状。

蝴蝶结面沙拉

原材料（参考分量：2人份）	
蝴蝶结面	200g
西蓝花	$^1/_2$ 颗
小番茄	6 个
金枪鱼罐头	1 小罐（85g）
橄榄油、盐、胡椒粉	适量

1. 向锅中放入 2 升水、4 小勺盐，煮沸后放入200克蝴蝶结面。为了不让面粘到一起，煮的时候需要不断地搅拌。
2. 开锅后继续煮 1 ~ 2 分钟，然后将面捞出，沥干水分。
3. 用手将西蓝花掰成小块，放入盐水中煮熟。将小番茄从中间切成两半。金枪鱼罐头在使用前需要撇去油。
4. 将步骤 2 中的面和步骤 3 中的配料放在一起，然后倒入橄榄油搅拌，最后撒上盐和胡椒粉调味。

手擀乌冬面

handmade udon noodle

制作手擀面时，最费力的工作莫过于和面了。但现在我们可以将这项复杂的工作交给面包机，只需要再擀一下、切一下、煮一下，嚼劲十足的乌冬面就做好了。

原材料（参考分量：2人份）

面团	
高筋面粉	210g
低筋面粉	90g
盐	12g
水	150ml
姜末、葱末、白萝卜末、乌冬调味酱汁	适量

1. 将制作面团用的所有原材料一起放入面包桶，让机器跳过初发酵这一步，然后启动开关。
2. 和面结束后，取出面团，放在撒有面粉的案板上揉圆。然后将面团放在保鲜袋中，放入冰箱冷藏1小时。
3. 取出面团，放在撒有面粉的案板上，等分为2份，分别用擀面杖擀成2毫米厚的薄面片（图**A**）。然后将面片折3折，切成5毫米宽的细条（图**B**）。
4. 向锅里倒入足量的水，烧开后放入面条，再次开锅后继续煮10分钟左右。在煮的过程中可以尝一下面条，根据自己的喜好来选择煮得硬一些还是软一些。
5. 将煮好的面条捞出，过一遍冷水，然后沥干水分，装进碗里，最后倒入酱汁、葱末、姜末和白萝卜末进行调味。

A) 将冷藏好的面团等分为2份，分别用擀面杖擀成2毫米厚的薄面片。

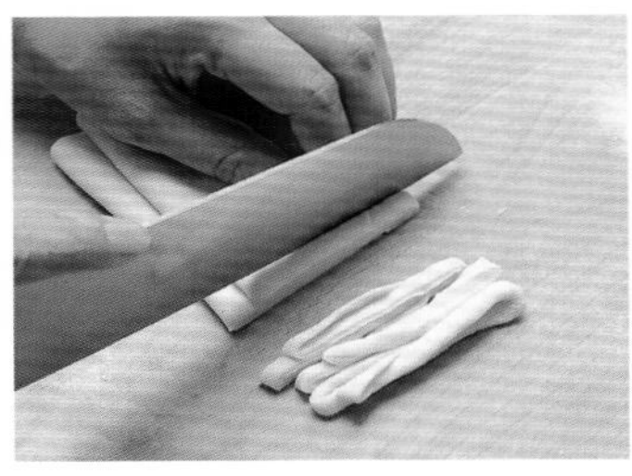

B) 将面片折3折，然后切成5毫米宽的细条。在切的时候，尽量使面条的宽度一致。

在高筋面粉里掺入一定量的低筋面粉，做出来的面条会更筋道。

日式乌冬面的秘密

日本人很爱吃乌冬面，甚至还有用乌冬面做成的方便面。日式乌冬面的种类众多，它好吃的秘诀不仅在于独具特色的汤汁和浇头，还在于种类各异的面粉。

在制作日式乌冬面时，除了配方中提到的高筋面粉与低筋面粉相互搭配外，还有直接使用中筋面粉的做法。因为在日本各地生产的面粉中，中筋面粉的产量最多。而由于面粉的产地不同，面条的筋道程度也不太一样。人们把这种具有地方特色的面粉称做“地粉”，用它做成的面条通常很有弹性。

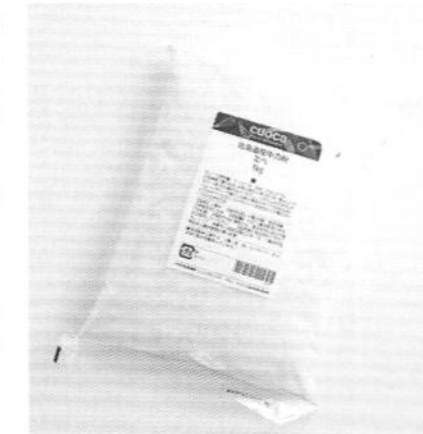

艾草糍粑和艾草丸子

kusamochi&kusadango

艾草糍粑和艾草丸子又软又糯，细腻香甜，再加上艾草清新的香味……你在家中就能品尝到高级点心店中的美味。

原材料（参考分量：10 个糍粑或 4 根丸子串）	
粳米粉	140g
糯米粉	150g
艾草粉	10g
绵白糖	1 大勺
温水	270ml
豆沙馅（市面上卖的成品）	200g

1 将粳米粉、糯米粉、艾草粉和绵白糖倒进碗中，一边缓缓地倒入温水，一边搅拌，直到水跟粉完全融合（图 A）。搅拌好后，用手用力揉捏（图 B）。

2 将步骤 1 的面团均匀地分为几小块，放入耐热容器（图 C），盖上保鲜膜，在微波炉中加热 4 ~ 5 分钟。

3 用水浸湿面包桶的内壁，趁热将面团放入面包桶（图 D）。然后选择“发面团程序”，将时间设定为 15 分钟。

4 和面结束后，将面团取出，搓成长条。如果制作丸子的话，就将其等分为 16 份，分别揉圆；制作糍粑的话，就等分为 10 份，分别揉圆。如果面团粘手的话，可以用手蘸些水，然后再揉。

5 用一根湿润的竹签将做好的丸子串起来，再在上面挤上厚厚的豆沙馅。如果制作艾草糍粑的话，需要先把豆沙馅等分为 10 份，再把面团擀成面片，在面片上放上豆沙馅，像包包子一样将豆沙馅包起来（图 E）。

A）温水要缓缓倒入，最好一边倒水一边用木勺搅拌均匀。

B）搅拌到没有疙瘩之后，开始用手揉捏。

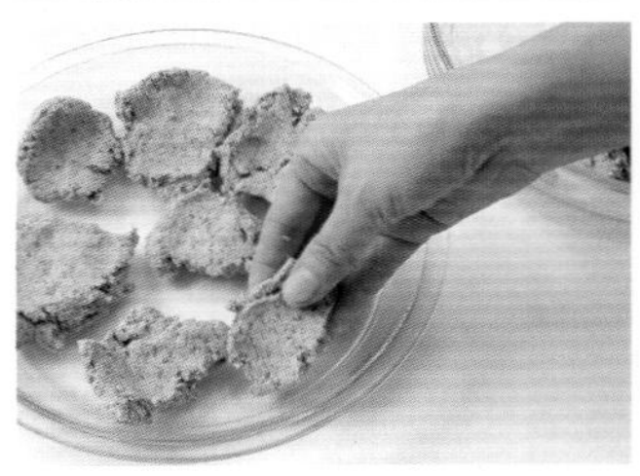

C）用手将面团均匀地分成几小块，然后放入微波炉加热。将面团分成小块加热，可以使其受热更加均匀。

D）把加热好的面团趁热放入面包桶。如果面团凉了的话，和面会变得很不方便，因此动作要快。

E）制作糍粑要像包包子一样将馅包起来。如果感觉面团粘手，可以用手蘸些粳米粉，也可以用手蘸些水。

将粳米用水浸泡后磨碎、脱水就得到了粳米粉。它的口感很有弹性，适合用来做年糕、汤圆等。

页　　数：336P
成品尺寸：185mm × 228mm
定　　价：79.00 元

面包圣经

〔美〕罗丝·利维·贝兰堡

本书是美国的烘焙爱好者人手一本的“面包烘焙鼻祖书”。这不仅是因为它几乎涵盖了所有的面包种类，更是因为其中的配方简单易学，还有不可计数的小窍门，帮助你解决可能遇到的几乎所有问题。在这里，你不再需要频频猜测——虽然猜测是烘焙面包时可能会经常遇到的情况。一本《面包圣经》在手，你再也不会有烘焙时不确定的感觉了。

页　　数：268P
成品尺寸：170mm × 240mm
定　　价：79.00 元

面粉·水·盐·酵母

〔美〕肯·福克斯

这是一本烘焙业界公认的工匠级面包的必读经典。如同本书书名，作者决志要向世人展示，仅仅使用面粉、水、盐、酵母四项基本元素，所做出来的面包有多美味。这本书将是你要寻找的答案——书里没有各式各样花俏的面包和装饰，却有满满的关键步骤、知识和诀窍，告诉你如何在家中也能完美重现市售级面包的风味。

页　　数：320P
成品尺寸：170mm × 240mm
定　　价：86.00 元

学徒面包师

〔美〕彼得·莱因哈特

本书中，彼得和大家分享了他从很多法国著名面包店中吸取的精华，还有他在课堂上和学生们一起研究时迸发的火花。彼得从包括莱昂内尔·普瓦拉纳和菲利普·戈瑟兰在内的巴黎最为著名的烘焙师身上汲取知识，并在课堂上向学生们“传道”，教授经典的面包烘焙十二步。对此，书中不仅有清晰的讲解，还附有 100 多张步骤分解图片。

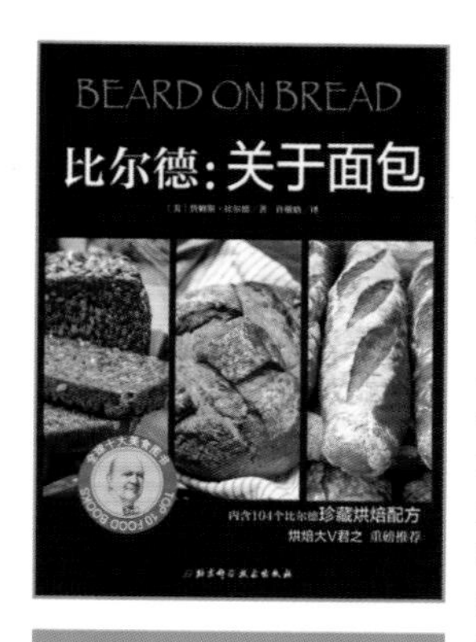

页　　数：260P
成品尺寸：170mm × 230mm
定　　价：68.00 元

比尔德：关于面包

〔美〕詹姆斯·比尔德

本书出自烘焙界的鼻祖人物詹姆斯·比尔德之手，是其跨越世纪的经典之作。书中珍藏 104 款烘焙配方，涉及 11 个大分类和不同口感需求，从烘焙基础知识到各个配方的实践，将关于面包的方方面面娓娓道来。这本书被英国卫报评选为“世界十大美食图书”，对西方烘焙行业有着深远的影响。

页　　数：272P
成品尺寸：170mm × 240mm
定　　价：79.00 元

面包基础

〔德〕卢茨·盖斯勒

本书是德国人手一本的基础烘焙书，超详尽的讲解了 40 个基本款和最受欢迎的面包的食谱。此外，对于面包相关基础理论的详尽讲解是这本书的特色，从揉面、面团整形、发酵到温度及时间的控制，最后到面包的成品，无一不进行了深入的解释。只要当你理解并熟练掌握了这些理论，才能做出来真正天然又美味的面包。

页　　数：208P
成品尺寸：185mm × 228mm
定　　价：79.00 元

跟彼得学手做面包

〔美〕彼得·莱因哈特

作为美国烘焙界最受欢迎的导师和革新者，彼得·莱因哈特向大家介绍了一种全新、省时的技艺并辅以详尽的彩色步骤图，人人皆可随心所欲地烘焙出美味的面包。最棒的是，书中这些高品质的面团可以在冰箱中存放更长的时间。所以，只需和一次面，然后分成几份，放入冰箱让其发酵，想享用时取出烘焙便可。